计算机与信息科学系列规划教材

# ASP.NET 核心技术

编 著 叶昭晖 陈修亮 郑 龙 王 伊 杨 磊

湖南大学出版社
·长 沙·

## 内容简介

本书对 ASP.NET 核心技术进行了全面、详细的讲解。全书共 8 章和 8 个上机实操，主要内容包括 ASP.NET 简介、ASP.NET 系统对象、ASP.NET 控件、母版页与用户控件、数据验证、数据绑定控件、HttpModule 与 HttpHandler 等相关知识，且每章都配有丰富的实例、要点和作业，帮助读者理解和掌握书中的内容。

本书适合作为计算机相关专业“ASP.NET 技术”课程的培训教材，也可以作为程序员或对 ASP.NET 感兴趣读者的参考书。

**图书在版编目(CIP)数据**

ASP.NET 核心技术/叶昭晖等编著. —长沙：湖南大学出版社，2022.3
(计算机与信息科学系列规划教材)
ISBN 978-7-5667-2432-8

Ⅰ.①A… Ⅱ①叶… ②郑… ③王… Ⅲ①网页制作工具—程序设计
Ⅳ.①TP393.092.2

中国版本图书馆 CIP 数据核字(2021)第 277199 号

**ASP.NET 核心技术**
ASP.NET HEXIN JISHU

**编　　著**：叶昭晖　陈修亮　郑　龙　王　伊　杨　磊
**责任编辑**：黄　旺　　**责任校对**：尚楠欣
**印　　装**：广东虎彩云印刷有限公司
**开　　本**：787 mm×1092 mm　1/16　　**印　张**：12.5　　**字　数**：296 千字
**版　　次**：2022 年 3 月第 1 版　　**印　次**：2022 年 3 月第 1 次印刷
**书　　号**：ISBN 978-7-5667-2432-8
**定　　价**：48.00 元

**出 版 人**：李文邦
**出版发行**：湖南大学出版社
**社　　址**：湖南・长沙・岳麓山　　**邮　　编**：410082
**电　　话**：0731-88822559(营销部)，88820006(编辑室)，88821006(出版部)
**传　　真**：0731-88822264(总编室)
**网　　址**：http://www.hnupress.com
**电子邮箱**：574587@qq.com

# 前 言

时光荏苒，一转眼中国互联网已走过了30多年的历程。人工智能、云计算、移动支付，这些互联网产物不仅迅速占据了我们的生活，刷新了我们对科技发展的认知，而且也提高了我们的生活质量。人们谈论的话题也离不开这些，例如：人工智能是否会替代人类，成为工作的主要劳动力；数字货币是否会代替纸币流通于市场；虚拟现实体验到底会有多真实多刺激。从这些现象中不难发现，互联网的辐射面在不断扩大，计算机科学与信息技术发展的普适性在不断增强，信息技术全面地融入了我们的生活。

1987年，我国网络专家钱天白通过拨号方式在国际互联网上发出了中国第一封电子邮件，“越过长城，走向世界”，从此，我国互联网时代开启。30多年间，人类社会仍然遵循着万物自然生长规律，但互联网的枝芽却依托人类的智慧于内部结构中迅速生长，并且每一次主流设备、主流技术的迭代速度明显加快。如今，人们的生活是“拇指在手机屏幕方寸间游走的距离，已经超过双脚走过的路程”。

据估计，截至2017年6月，中国网民规模已达到7.5亿人，占全球网民总数的五分之一，而且这个数字还在不断地增加。

然而，面对快速发展的互联网，每一个互联网人亦感到焦虑，感觉它运转的速度已经接近我们追赶的极限。信息时刻在变化，科技不断进步，想象力也一直被挑战，面对这些，人们感到不安的同时又对未来的互联网充满期待。

互联网的魅力正在于此，恰如山之两面，一旦跨过山之巅峰，即是不一样的风景。正是这样的挑战让人着迷，并甘愿为之付出努力。而这个行业还有很多伟大的事情值得去琢磨，去付出自己的心血。

本系列丛书作为计算机科学与信息科学中的入门与提高教材，在力争保障学科知识广度的同时，也统筹主流技术的深度，既介绍了计算机学科相关主题的历史，也涵盖国内外最新、最热门课题，充分呈现了计算机科学技术的时效性、前沿性。丛书涉及计算机与信息科学多门课程：Java程序设计与开发、C#与WinForm程序设计、SQL Server数据库、Oracle大型数据库、Spring框架应用开发、Android手机App开发、JDBC/JSP/Servlet系统开发等，HTML/CSS前端数据展示、jQuery前端框架、JavaScript页面交互效果实现等，大数据基础与应用、大数据技术概论、R语言预测、Presto技术内幕等，Photoshop制作与视觉效果设计、网页UI美工设计、移动端UI视觉效果设计与运用、CorelDRAW设计与创新等。

本系列丛书适合初学者，当然掌握一些计算机基础知识更有利于本系列丛书的学习。开发人员可从本系列丛书中找到许多不同领域的兴趣点和各种知识点的用法。丛书实例内容选取市场流行的应用项目或产品项目，章后部分练习题模拟了大型软件开发企业的实例项目。

本系列丛书在编写过程中，获得了国家自然科学基金委员会与中国民用航空局联合资助项目（U1733110）、全国教育科学“十三五”规划课题（军事职业教育理论与实践研究JYKYD2018009）、湖南省教学改革研究课题（2015001）、湖南省自然科学基金（2017JJ1012）、国家自然科学基金（71371067、61302144）的资助，并得到了国防科技大学、中南大学、湖南大学、电子科技大学、佛山科学技术学院、长沙学院和深圳华大乐业教育科技有限公司各位老师的大力支持，同时参考了一些相关文献，在此向这些老师和文献作者深表感谢！

作　者

**2019 年 5 月**

# 目 次

## 理论部分

## 上机部分

# 理　论　部　分

# 第1章 ASP.NET简介

**学习目标**

- 了解B/S和C/S的区别
- 了解常用的Web开发技术
- 了解ASP.NET的运行机制及优点
- 掌握IIS的安装与配置
- 掌握创建、发布并运行ASP.NET程序
- 理解ASP.NET程序的开发模式
- 使用基本控件设计Web窗体

## 1.1 Web开发简介

### 1.1.1 Servlet组件

随着计算机网络技术的不断发展,单机版软件已经很难满足人们的需求,各种各样的软件模式不断产生,其中B/S模式和C/S模式应用最广泛。

B/S模式和C/S模式的对比见表1.1。

表1.1 B/S模式和C/S模式的比较

| 软件模式 | 含 义 | 优缺点 | 实 例 |
|---|---|---|---|
| B/S | 浏览器/服务器(Browser/Server)模式 | 优点:易于升级与维护,共享性强;<br>缺点:速度比C/S慢,数据安全性较差 | Google、网易163、百度 |
| C/S | 客户端/服务器(Client/Server)模式 | 优点:速度快,数据比较安全;<br>缺点:需要安装客户端,不易升级与维护,共享性弱 | 腾讯QQ、迅雷下载、MSN |

**提示:**

现在有两个比较流行的中英文互译软件,Google翻译和金山词霸,其中Google翻译是B/S模式的软件,而金山词霸是C/S模式的软件。分别使用这两个软件的查词功能,得出您对B/S和C/S这两种模式的理解。

### 1.1.2 Web开发技术简介

B/S模式的软件开发称为Web开发。经过多年的发展,Web开发技术已经相当成熟

了，主要有以下几种：

• CGI(common gateway interface)，公共网关接口，早先用得比较多的网络技术。由于CGI对于每个客户访问需要对应一个进程，消耗较多的系统资源，而且执行起来速度相对较慢，目前已经很少使用。

• ASP(active server page)，微软公司推出的一种服务器端命令执行环境。它可以轻松结合HTML Web页面、脚本语言和ActiveX组件，但ASP页面混杂着HTML和服务器脚本代码，不利于程序的编写和升级。

• PHP(personal home page)，与ASP比起来具有更好的移植性。PHP主要是用在Linux下，也可以使用在Windows平台下。PHP使用脚本嵌套HTML的方式编写程序。

• JSP(Java server page)，由原SUN公司在1999年提出，它是目前最流行的Web开发技术之一。JSP充分利用了Java语言的优势，具有很好的扩展性并可以跨平台运行，但其程序依然需要大量的HTML，所以编写程序时，需考虑浏览器的兼容性，开发周期比较长。

• ASP.NET，可以看作是ASP的升级，由微软公司提出。ASP.NET运行在.NET Framework上，可以使用多种编程语言来实现，其开发速度也是JSP不可比拟的。下一节我们会介绍ASP.NET的优点。

## 1.2　关于ASP.NET

### 1.2.1　ASP.NET的诞生

ASP.NET的前身ASP技术，是在IIS2.0(Windows NT 3.51)上首次推出，当时与ADO 1.0一起推出，在IIS 3.0 (Windows NT 4.0)上发扬光大，成为服务器端应用程序的热门开发工具。微软还特别为它量身打造了Visual InterDev开发工具。在1994年到2000年之间，ASP技术已经成为微软推展Windows NT 4.0平台的关键技术之一，数以万计的ASP网站如雨后春笋般出现在网络上。ASP的简单以及高度可定制化的能力，也是它能迅速崛起的原因之一。不过ASP的缺点也逐渐地显现出来：面向过程型的程序开发方法，让维护的难度提高很多，尤其是大型的ASP应用程序；解释型的VBScript或JScript语言，让性能无法完全发挥；扩展性由于其基础架构的不足而受限，虽然有COM组件可用，但开发一些特殊功能(如文件上传)时，没有来自内置的支持，需要寻求第三方控件商的控件。

1997年，微软开始针对ASP的缺点(尤其是面向过程型的开发思想)，开始了一个新的项目。当时ASP.NET的主要领导人Scott Guthrie刚从杜克大学毕业，他和IIS团队的Mark Anders经理一起合作两个月，开发出了下一代ASP技术的原型。这个原型在1997年的圣诞节时被发展出来，并给予一个名称：XSP。这个原型产品使用的是Java语言。XSP被纳入当时还在开发中的CLR平台，Scott Guthrie事后认为将这个技术移植到当时的CLR平台确实有很大的风险，但当时的XSP团队却是以CLR开发应用的第一个团队。

为了将XSP移植到CLR中,XSP团队将XSP的内核程序全部以C#语言进行了重构(在内部的项目代号是Project Cool,但是当时对公开场合是保密的),并且改名为ASP+,为ASP开发人员提供了相应的迁移策略。ASP+首次的Beta版本以及应用在PDC 2000中亮相,由Bill Gates主讲Keynote(即关键技术的概览),由富士通公司展示使用COBOL语言撰写ASP+应用程序,并且宣布它可以使用Visual Basic.NET、C#、Perl、Nemerle与Python语言(后两者由ActiveState公司开发的互通工具支持)来开发。

在2000年第二季度时,微软正式推动.NET策略,ASP+也顺理成章地更名为ASP.NET,第一个版本的ASP.NET在2002年1月5日亮相,Scott Guthrie也成为ASP.NET的产品经理(后来Scott Guthrie主导开发了数个微软产品,如ASP.NET AJAX、Silverlight、SignalR以及ASP.NET MVC)。

自.NET 1.0之后的每次.NET Framework的新版本发布都会给ASP.NET带来新的特性。

## 1.2.2 ASP.NET的优点

ASP.NET的优点主要体现在以下几个方面:

①开发简单。使用VS本身集成的各种控件,即可"傻瓜"式地开发一个简单的网站,这对于一般的企业网站而言已经足够使用。

②开发速度快。使用集成的控件,利用本身的框架,即可快速进行Web开发运用。

③运行速度快。因为采用编译机制运行,运行速度极快。

④安全可靠。基于SQL Server数据库,安全性能有保障。

## 1.2.3 ASP.NET的运行机制

当用户第一次请求ASP.NET页面时,ASP.NET引擎会将前台页面文件(.aspx)和后台代码文件(.cs)合并生成一个页面类,然后由编译器将该页面类编译为程序集,再由程序集将生成的静态HTML页面返回给客户端浏览器解释运行;当用户第二次请求该页面时,直接调用编译好的程序集即可,从而大大提高了打开页面的速度。

不同用户访问同一个页面时,例如,张三第一次访问该页面,虽然打开速度很慢,但是李四、王五再打开此页面,速度就会很快。这是因为张三第一次访问该页面时,服务器生成了其对应的程序集,而李四、王五再访问该页面,系统直接调用已经生成好的程序集,访问页面的速度必然会加快。

图1-1是HTTP请求进入W3WP.exe进程后的工作流程。W3WP.exe是一个工作进程,该进程实现了IIS和应用程序池的联接工作。如果有多个应用程序池在运行就会对应有多个W3WP.exe的进程实例运行。另外Managed Engines模块是.NET的驱动程序,它将HTTP请求从IIS的集成模式中连接到.NET Runtime。从图1-1的请求可以看出,HTTP请求在发送到IIS管道后,首先是由HttpModule的Authentication处理,处理完成后为请求授予权限,HttpModule负责请求的身份验证及授权操作。

**注意:**加载哪些ASP.NET模块(如SessionStateModule)取决于应用程序从父应用

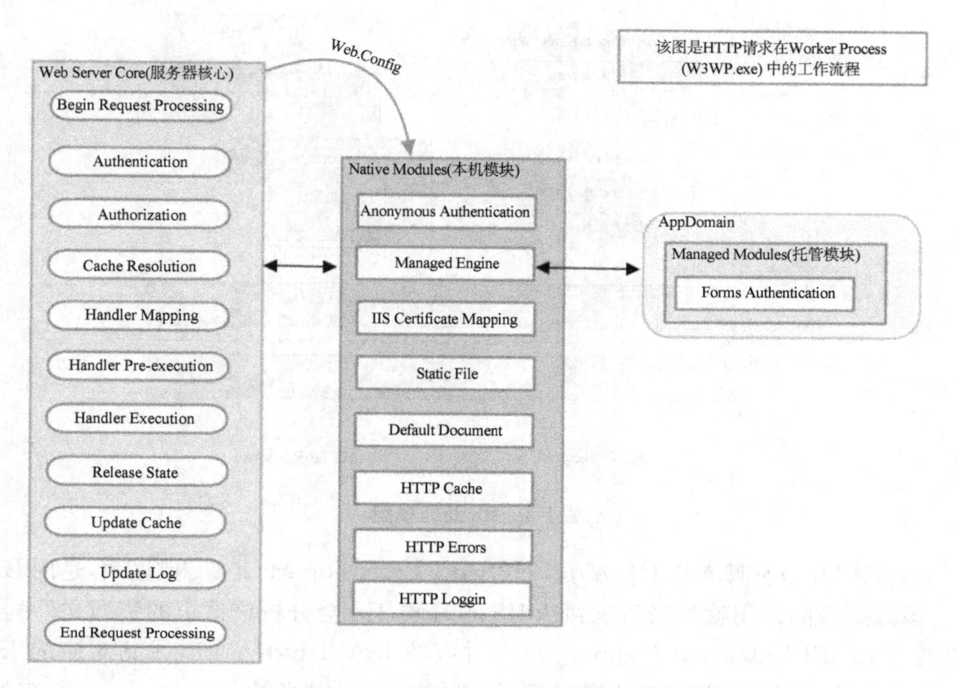


图 1-1　进入 W3WP.exe 进程后的工作流程

程序继承的托管代码模块，还取决于在应用程序的 Web.config 文件的配置节中配置了哪些模块。

## 1.3　IIS 服务器

### 1.3.1　什么是 IIS

IIS(Internet information server)由微软研发，是当今最流行的 Web 服务器之一，它提供了强大的互联网之间的服务功能。Gopher Server 和 FTP Server 全部包容在 IIS 里面。通过 IIS 你可以在 Internet 上发布网页，也可以构建 FTP 服务器。IIS 还支持一些有趣的东西，像有编辑环境的界面(FrontPage)、有全文检索功能的界面(Index Server)、有多媒体功能的界面(Net Show)。

### 1.3.2　IIS 处理模型

从用户发出一个请求(一般而言就是在浏览器地址栏中键入一个 URL)，这个请求到达服务器后，最先作出响应的就是 IIS，从图 1-2 我们可以清楚地知道，IIS 在用户请求到达之后都做了哪些事情。

当用户请求到达后，工作在内核模式的 TCP/IP 驱动首先检测到请求，然后将其直接路由到 inetinfo.exe 进程。inetinfo.exe 通过监听 WinSock 端口(常见的 TCP 80 端口)接收请求，然后对其进行处理或者交由其扩展组件(ISPAI Extensions)进行处理。IIS 中的

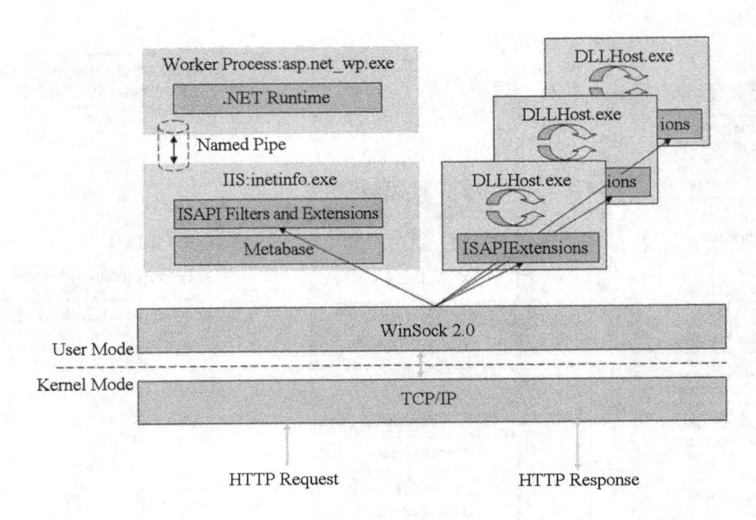


**图 1-2　IIS 处理模型**

Metabase 维护着一份脚本映射扩展表，即 ISAPI Extension Mapping 数据表，是用 Binary 写的。该数据表的作用就是当请求到达 IIS 的时候，IIS 会分析该请求的资源文件的后缀名，再通过 ISAPI Extension Mapping 找到对应的 ISAPI Extension，找到对应的 ISAPI Extension 后就可以把此请求交由其处理了，例如.aspx 文件将由 aspnet_isapi.dll 来处理。如果找不到，即一个文件的扩展名没有被映射到 ASP.NET，那么 ASP.NET 就不会去接收这个请求，当然更不会去处理此请求。我们可以自定义一个 Handler 去处理一个特殊的文件名扩展，当然前提是你必须映射到 ASP.NET 并且在应用程序的 Web.config 文件中注册这个自定义的 Handler。用户请求由命名管道（为了提高性能，否则要在两个不同的进程间传递）从 inetinfo.exe 传给工作者进程 asp.net_wp.exe，asp.net_wp.exe 将用户请求交由 HTTP 运行时，即.NET Runtime 处理（接下来的处理流程将会在后面讨论）。

## 1.3.3　IIS 的安装和配置

IIS 是一种 Web（网页）服务组件，其中包括 Web 服务器、FTP 服务器、NNTP 服务器和 SMTP 服务器，分别用于网页浏览、文件传输、新闻服务和邮件发送等方面，它使得在网络（包括互联网和局域网）上发布信息成了一件很容易的事。我们现在就要学习怎样去搭建 IIS。

若操作系统中还未安装 IIS 服务器，可打开"控制面板"，然后单击启动"添加/删除程序"，在弹出的对话框中选择"添加/删除 Windows 组件"，在 Windows 组件向导对话框中选中"Internet 信息服务（IIS）"，再单击"下一步"，按向导指示，完成对 IIS 的安装。其中图 1-3 为 Windows 组件向导 1，图 1-4 为 Windows 组件向导 2.

IIS 启动步骤：Windows 开始菜单→所有程序→管理工具→Internet 信息服务（IIS）管理器，启动后的界面如图 1-5 所示。

IIS 安装后，系统自动创建了一个默认的 Web 站点，该站点的主目录默认为"C：\\\\Inetpub\\\\www.root"。用鼠标右键单击"默认 Web 站点"，在弹出的快捷菜单中选择

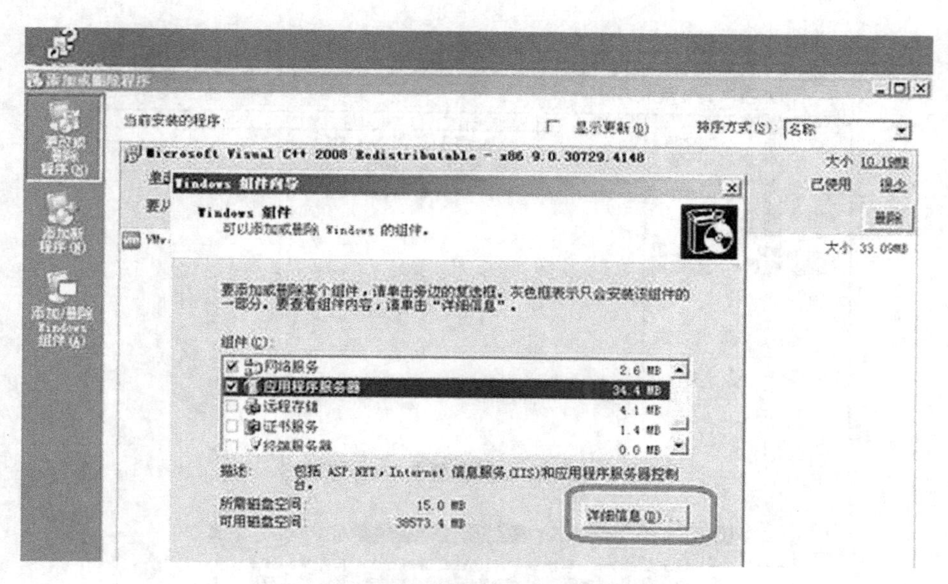


图 1-3　Windows 组件向导 1

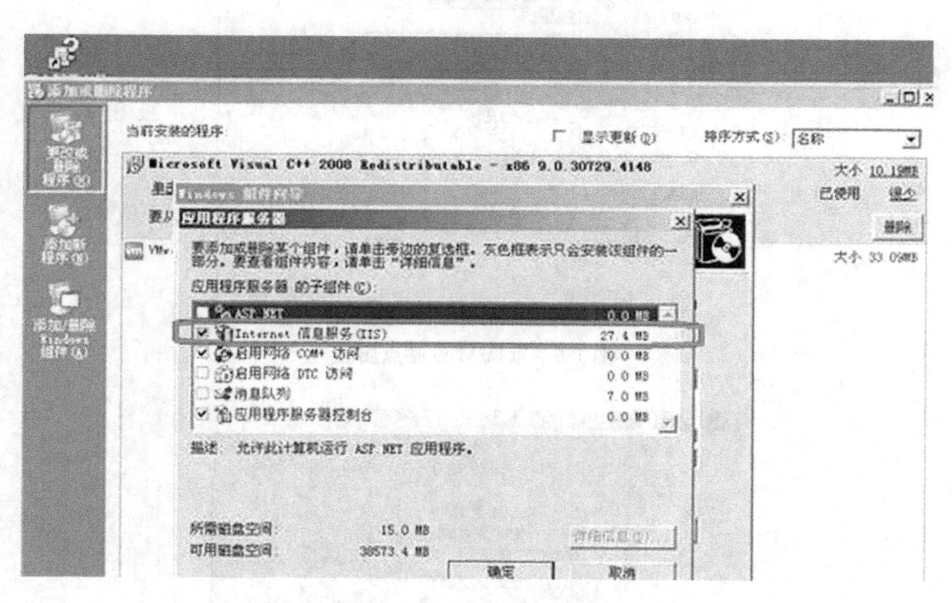


图 1-4　Windows 组件向导 2

“属性”，此时就可以打开站点属性设置对话框，如图 1-6 所示。在该对话框中，可完成对站点的全部配置。

单击“主目录”标签，切换到主目录设置页面，如图 1-7 所示，该页面可实现对主目录的更改或设置。注意检查启用父路径选项是否勾选，如未勾选将对以后的程序运行有部分影响。

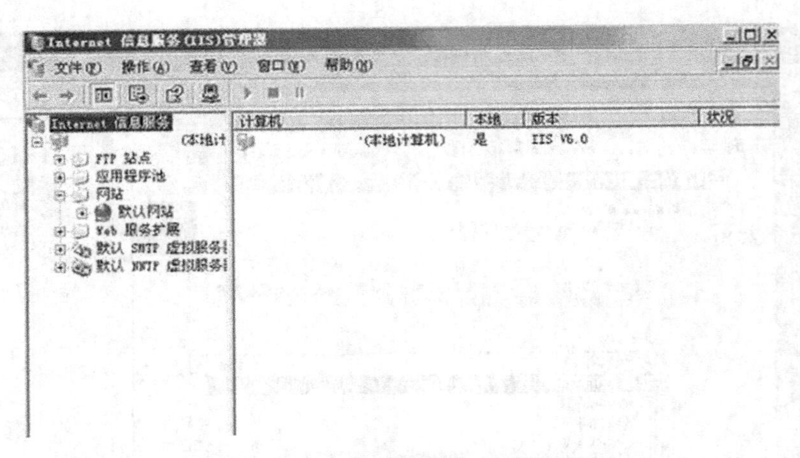


图 1-5 Internet 信息服务(IIS)管理器

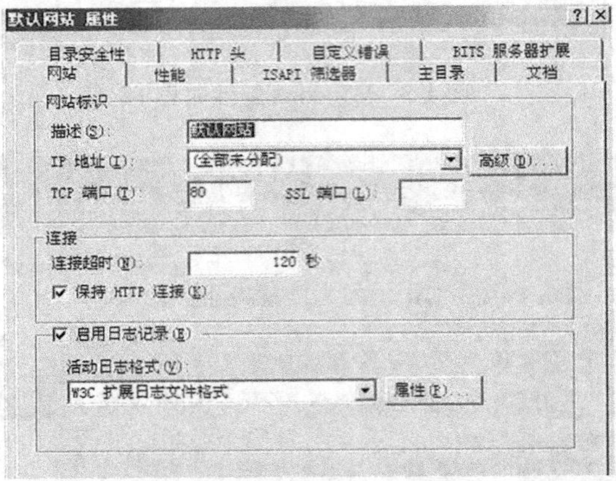

图 1-6 默认 Web 站点属性

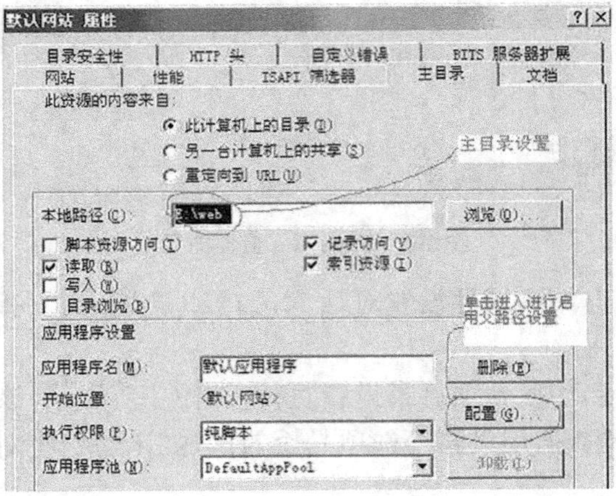

图 1-7 默认 Web 站点主目录设置

单击“文档”标签，可切换到对主页文档的设置页面，主页文档是在浏览器中键入网站域名，而未制定所要访问的网页文件时，系统默认访问的页面文件。常见的主页文件名有 index. htm、index. html、index. asp、index. php、index. jap、default. htm、default. html、default.asp 等。IIS 默认的主页文档只有 default.htm 和 default.asp。根据需要，利用“添加”和“删除”按钮，可为站点设置所能解析的主页文档。

在图 1-5 所示的工具栏中提供有启动与停止 IIS 服务的按钮，单击对应按钮即可启动或停止 IIS 服务。

### 1.3.4　IIS 的卸载

卸载 IIS 有以下几个步骤：

①单击“开始”菜单，选择“控制面板”。

②双击“添加/删除程序”。

③单机“添加/删除 Windows 组件”。

④在“组件”列表中，勾选“应用程序服务器”复选框(未选中状态)。

⑤单击“下一步”按钮。

⑥完成 IIS 的卸载后单击“关闭”按钮。

## 1.4　第一个 ASP.NET 程序

### 1.4.1　ASP.NET 应用程序的创建

使用 Visual Studio 2010 创建 ASP.NET 应用程序的操作步骤如下：

①打开 Visual Studio 2010，从开始页面中选择“新建项目”，如图 1-8 所示。

图 1-8　Visual Studio 2010 新建项目

②显示如图 1-9 所示的对话框，选择“ASP.NET MVC 4 Web 应用程序”。

③在弹出的“新 ASP.NET MVC 4 项目”对话框的“项目模板”中选择“Internet 应用程序”，“视图引擎”中选择默认的“Razor”，如图 1-10 所示。

④在进行了以上选择之后，鼠标左键单击“确定”按钮。Visual Studio 会使用刚才我

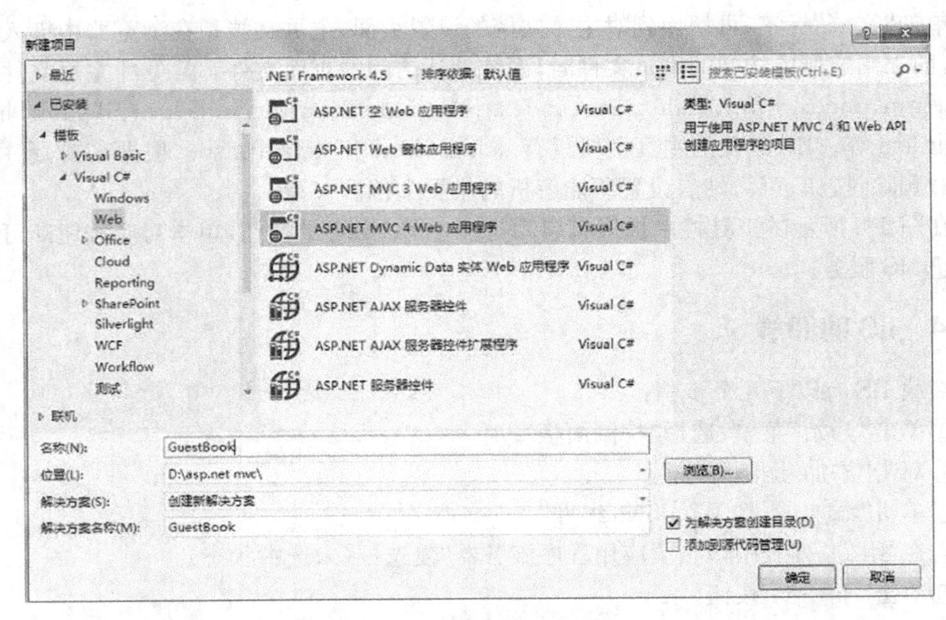


图 1-9　新建项目对话框

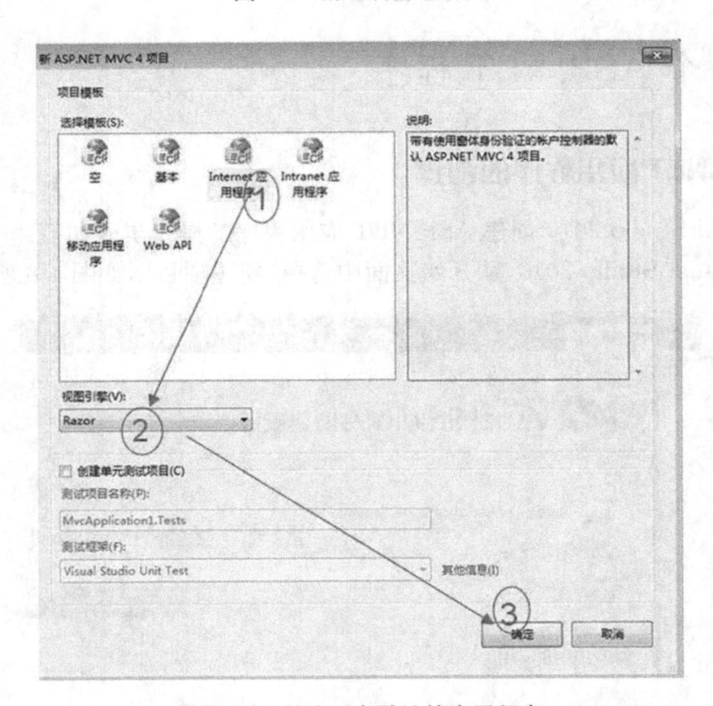


图 1-10　创建一个默认的应用程序

们所选择的选项创建一个默认的 ASP.NET MVC 应用程序。

图 1-11 所示的是 Visual Studio 默认创建的首页控制器 HomeController.cs 中的默认代码。接下来，我们进行一些修改，加上自己的应用程序名称、标题等。

修改之后，如图 1-12 所示。

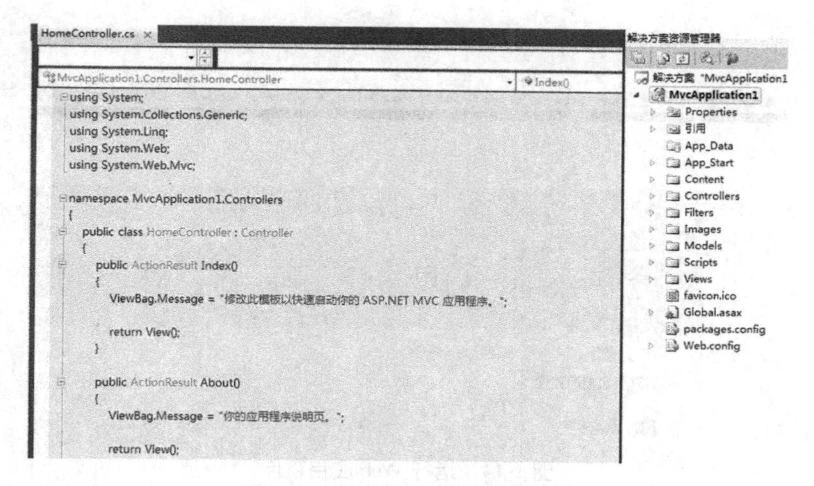


图 1-11　Visual Studio 默认代码

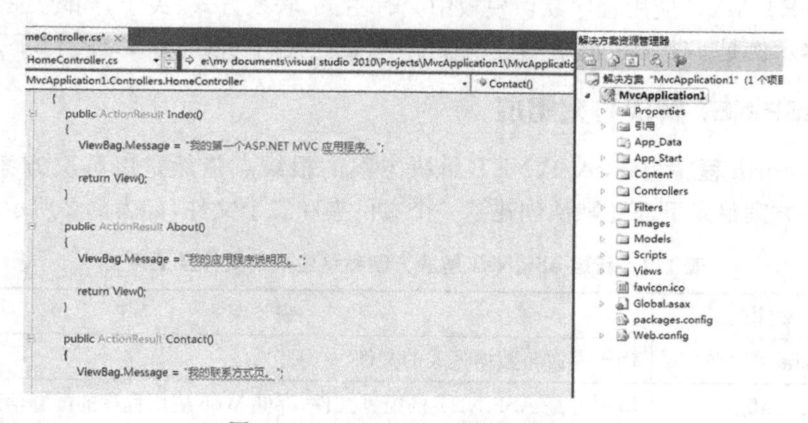


图 1-12　Visual Studio 修改后代码

从 Visual Studio 的菜单中选中“调试”→“启动调试”，如图 1-13 所示。或者使用键盘快捷键 F5 来启动调试。

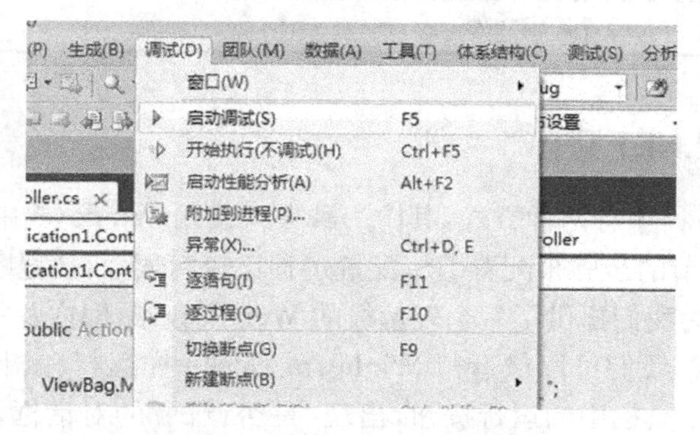


图 1-13　调试 Visual Studio 菜单

我们在按了键盘上的 F5 键之后，Visual Studio 会启动 IIS Express，同时运行 Visual Studio 中 Web 应用程序，然后 Visual Studio 会启动默认浏览器并打开应用程序的首页。

如图 1-14 所示。

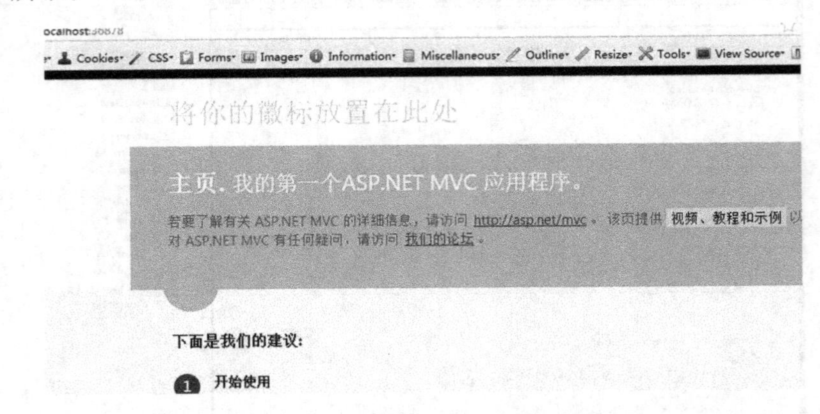


**图 1-14 运行 Web 应用程序**

ASP.NET MVC 应用程序默认模板中会有主页、联系方式、关于，同时还提供了注册和登录。本示例是一个非常简单的应用程序，只是让我们初步了解 ASP.NET MVC。

### 1.4.2 ASP.NET 解决方案组成

与 WinForm 程序相同，ASP.NET 解决方案的根结点依然是以解决方案的名称命名。在解决方案目录下面还默认创建了一个文件夹和三个文件，如表 1.2 所示。

**表 1.2 新建 ASP.NET 解决方案默认生成的文件及文件夹**

| 文件/文件夹 | 说 明 |
|---|---|
| App_Data 文件夹 | 用于存放与数据相关的文件 |
| Web.Config | 该文件是 ASP.NET 的配置文件，存储 Web 应用程序的配置信息 |
| Default.aspx | ASP.NET 页面文件，用于设计页面 |
| Default.aspx.designer.cs | Default.aspx 页面中使用的服务器控件均会在该文件内定义，包括页面的一些其他设计信息。代码由系统生成，不建议开发人员修改 |
| Default.aspx.cs | 后置代码文件 |

### 1.4.3 运行 ASP.NET 程序

运行 ASP.NET 程序有两种方式，其中一种方式使用 Windows 中集成的 IIS，这种方式需要按照第 1.3.3 节的步骤来配置 IIS，配置过程比较麻烦，而且程序不易调试。为此微软在 Visual Studio 为我们提供了一个轻量级的 Web 服务器，即内置的 ASP.NET 开发服务器。通过这种方式，我们可以像运行 WinForm 程序一样运行和调试 ASP.NET 程序。单击 Visual Studio 工具栏中的运行按钮，出现“是否调试”的对话框，该对话框为开发者提供了是否调试程序的选择。

在以后的开发中，如需要调试则选择第一个单选按钮。我们这里不调试，选择第二个单选按钮并单击“OK”按钮就可以运行我们的程序。该程序运行时在状态栏中有一个图标(开发服务器),双击图标即可查看当前运行的站点信息。程序运行以后我们发现,浏览器显示的是自动生成的 Default.aspx 页面。由于我们没有对 Default.aspx 做任何编码操作,所以浏览器没有显示的内容。下一节,我们会介绍如何设计这个页面,并在页面上实现我们所需的功能。

**注意**:在页面的设计视图中,右键单击→“View in Browser”,可以快速浏览单个页面,此时使用的是 Visual Studio 中内置的 IIS。

## 1.5 Web 窗体

### 1.5.1 Web 窗体简介

Web 窗体也称 ASP.NET 页面,由.aspx(页面文件)和.aspx.cs(代码文件)相互关联构成。类似于 WinForm 窗体,将涉及代码和时间处理代码分成两个文件。当请求一个 ASP.NET 页面时,在 ASP.NET 引擎中会将页面代码和后台代码编译成一个 Page 类,该类是 System.Web.UI.Page 的派生类。

.aspx 文件自动生成的代码如下所示:

```
<%@page Language="C#" AutoEventWireup="ture" CodeFile="Default.aspx.cs"
Inherits="_Default" %>
<!DOCTYPE html PUBLIC "-//W3C//DTD XHTML 1.0 Transitional//EN"
"http://www.w3.org/TR/xhtml1//DTD/xhtml1-transitional.dtd">

<html xmlns="http://www.w3.org/1999/xhtml">
<head runat="server">
<title></title>
</head>
<body>
<form id ="from" runat="server">
<div>

</div>
</form>
</body>
</html>
```

可以看出.aspx 文件包含的代码就是一个普通的 HTML 代码加上 ASP.NET 的 Page 指令。下一章我们会介绍该指令中各种参数的取值和不同取值的含义。

在.aspx 文件里,我们可以像 JSP 那样,手动编写 HTML 代码,更可以像设计 WinForm 窗体那样,使用工具箱中的控件来设计页面。

ASP.NET 提供了丰富的控件,方便我们设计 Web 窗体,编写 Web 程序(图 1-15)。随着学习的不断深入,我们不但能熟练使用这些控件,还可以自己编写控件(自定义控件)。

设计 Web 窗体有两个视图：

- 源视图：提供手动编写代码和查看 HTML 源代码的方式。

**注意**：我们可以把工具箱中的控件直接拖到源代码视图中。

- 设计视图：提供可视化的设计方法。

可在 Visual Studio 编辑器下的状态栏中切换设计视图和源视图。

工具箱
+ UI 组件
+ 标准
+ 数据
+ 验证
+ 导航
+ 登录
+ WebParts

**图 1-15　ASP.NET 的工具箱**

.aspx.cs 文件自动生成的代码如下所示：

```
using System;
using System.Collections.Generic;
using System.Linq;
using System.Web;
using System.Web.UI;
using System.Web.UI.WebControls;
public partial class _Default:System.Web.UI.Page
{
protected void Page_Load(object sender,EventArgs e)
{
}
}
```

我们发现.aspx.cs 文件就是一个继承自 System.Web.UI.Page 的 C#类。我们可以在这里编写后台代码。它的作用类似于 WinForm 窗体的事件处理代码。

## 1.5.2　新建 Web 窗体

以上介绍的 Default.aspx 是新建站点时，自动生成的。其实我们自己创建 Web 窗体也很方便。右键单击“项目”→“Add New Item”→“Web Form”，如图 1-16 所示。输入 Web 窗体名，选择语言并单击“添加”，就可以创建 Web 窗体了。

## 1.5.3　代码内嵌和代码后置

ASP.NET 2.0 构造 ASP.NET 页面的代码有两种途径。

第一种是后台编码模式。有两种写法，方法一是在.aspx.cs 中写代码。这样做的好处就是代码和页面内容分离，使代码更清晰。方法二是在.aspx 中具有 runat＝"server" 属性的 script 块中（单文件页）写代码。后台参数编码模式的代码是由脚本引擎来解释的。

第二种是内嵌代码模式。这种方式类似于旧风格的 ASP 页面，它是在.aspx 中将代码写在＜%%＞之间，例子如下：

```
<%@ Page Language="C#" AutoEventWireup="true" CodeFile="Default.aspx.cs" Inherits
="_Default" %>
```

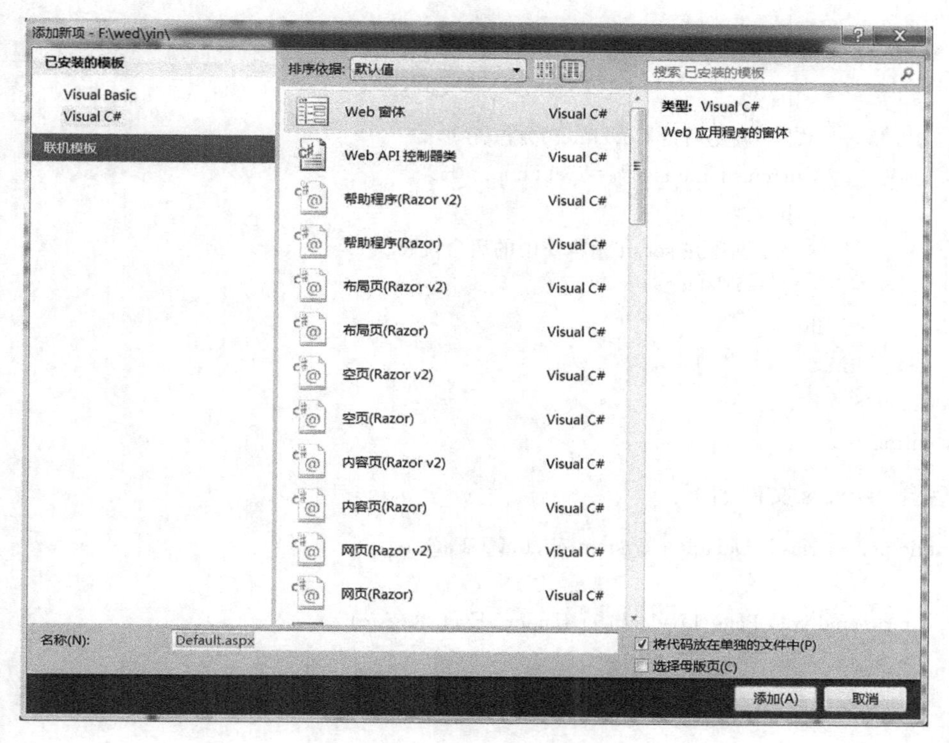


图 1-16　新建 Web 窗体

```
<!DOCTYPE html PUBLIC "-//W3C//DTD XHTML 1.0 Transitional//EN" "http://www.w3.
org/TR/xhtml1/DTD/xhtml1-transitional.dtd">
<html xmlns="http://www.w3.org/1999/xhtml">
<head runat="server">
    <title>无标题页</title>

    <%--后置代码--%>
    <script runat="server">
        string sVal = "valTest";
    </script>

</head>
<body>
    <form id="form1" runat="server">
        <asp:Button ID="btnTest" runat="server" Text="BtnTest" />
        <div>
            <%--嵌入代码--%>
            <%for (int i = 0; i < 10; i++)
              {
                  Response.Write("<br/>" + i.ToString());
```

```
            }
            %>
            <br />
            <%--调用后台 GetTime()方法--%>
            Current Time is<%=GetTime() %>
            <br />
            <%--调用在 script 角本块中的后台代码--%>
            <%=sVal%>
        </div>
    </form>
</body>
</html>
```

后台.aspx.cs 文件如下：

```
public partial class _Default : System.Web.UI.Page
{
    protected void Page_Load(object sender, EventArgs e)
    {

    }
    /// <summary>
    /// 得到时间
    /// </summary>
    /// <returns></returns>
    public string GetTime()
    {
        string sTime = "";
        return sTime = DateTime.Now.ToString();
    }
}
```

嵌入式代码块是在呈现页面的过程中被执行的服务器代码。块中的代码可以执行编程语句，并调用当前页类中的函数。

这种<% %>代码块与 ASP 不同，它会被真正地编译，而不是由脚本引擎来解释，即代码是已编译好的，不是解释性的，这样性能会好得多。一般情况下，将嵌入式代码块用于复杂的编程逻辑并不是最佳做法，因为当页中的代码与标记混合时，很难进行调试和维护。此外，由于代码仅在呈现页的过程中执行，因此与将代码置于适当的页处理阶段以执行后台代码或脚本块代码相比，其灵活性大大降低。

嵌入式代码块的部分用途包括：

- 将控件元素或标记元素的值设置为函数返回的值。
- 将计算直接嵌入到标记或控件属性中。

### 1.5.4 控件和事件

微软推出 ASP.NET 旨在减轻开发人员的压力。ASP.NET 沿用了 WinForm 编程中的事件驱动概念,使开发 Web 程序与开发桌面程序具有更多共通性。与 WinForm 中的控件相同,ASP.NET 中的控件也封装了属性、方法和事件。下面以 TextBox,Button 和 RadioButton 为例,开始我们对 ASP.NET 控件的学习。

TextBox 是 ASP.NET 中的文本框。表 1.3 列举了 TextBox 常用的属性方法及事件。

表 1.3 TextBox 常用的属性、方法及事件

| 属 性 | 说 明 |
| --- | --- |
| Text | 获取或设置控件的文本内容 |
| AutoPostBack | 获取或设置一个值,提示如果用户更改了控件的内容,是否自动回发到服务器,默认为 false |
| ReadOnly | 获取或设置控件文本是否编辑 |
| TextMode | 设计 TextBox 控件是输入单行文本、多行文本还是密码框 |
| 方 法 | 说 明 |
| Focus | 使控件得到焦点 |
| 事 件 | 说 明 |
| TextChanged | 当控件文本发生改变且失去焦点时触发时间,注意该时间需要配合 AutoPostBack 使用,因为只有 AutoPostBack 为 ture 时才起作用 |

Button 是 ASP.NET 中的按钮。表 1.4 列举了 Button 常用的属性、方法及事件。

表 1.4 Button 常用的属性、方法及事件

| 属 性 | 说 明 |
| --- | --- |
| Enabled | 获取或设计一个值,指示按钮是否可用 |
| ForeColor | 获取或设置控件的前景色 |
| Height | 获取或设置控件的高度 |
| Width | 获取或设置控件的宽度 |
| Visible | 获取或设置一个值,指示控件是否可见 |
| 方 法 | 说 明 |
| Dispose | 销毁控件的方法 |
| 事 件 | 说 明 |
| Click | 单击按钮时触发 |

RadioButton 是 ASP.NET 中的单选按钮。表 1.5 列举了 RadioButton 常用的属性、方法及事件。

表 1.5　RadioButton 常用的属性、方法及事件

| 属　性 | 说　明 |
| --- | --- |
| Checked | 获取或设计一个值,指示按钮是否选中 |
| BackColor | 获取或设置控件的背景色 |
| BorderStyle | 获取或设置控件的边框样式 |
| BorderColor | 获取或设置控件的边框颜色 |
| BorderWidth | 获取或设置控件的边框宽度 |
| GroupName | 获取或设置控件的分组名,同一组的单选按钮是互斥的 |
| 方　法 | 说　明 |
| HasControls | 返回一个布尔值,指示控件下是否还有子控件 |
| 事　件 | 说　明 |
| CheckedChanged | 单选按钮的 Checked 属性发生改变后触发 |

## 1.6　完成示例

本节我们将通过一个完整示例,练习 ASP.NET 程序的创建、Web 窗体的设计与编码,以及站点在 IIS 上的发布。

程序的主要功能是得到用户姓名和性别,输出相应的问候语言,操作步骤如下:

①新建一个 WebSite 结点“Test”(要求解决方案与站点在统一目录下)。

②新建页面 Hello.aspx,使用工具栏设计页面。

**注意:**在 ASP.NET 中,使用设计视图设计 Web 窗体时,如果想要像 WinForm 中那样,控件拖到哪里就在哪里显示,可以在选中控件的情况下,选中菜单中的“布局”→“位置”→“绝对定位”,就可以实现拖动。还有一种方式,手动编写控件的样式 position:absolute,再进入设计界面进行拖动。

窗体控件介绍见表 1.6。

表 1.6　Hello.aspx 页面控件

| 控　件 | 控件名(ID) | 文　本 | 说　明 |
| --- | --- | --- | --- |
| Label | lb1Name | 姓名: | |
| Label | lblSex | 性别: | |
| TextBox | txtName | | 用户输入姓名 |
| RadioButton | radMale | 先生 | GroupName=radSex,Checked=ture |
| RadioButton | redFemale | 女士 | GroupName=radSex |
| Button | btnOK | 确定 | |
| Label | lblInfo | | 显示提示信息 |

设计页面时使用到了 label(标签控件),用于显示不可编辑文本如“姓名:”“性别:”。

③编写代码。在设计视图中,双击“确定”按钮,为按钮添加 Click 事件,代码如下

所示：

```
protected void btnOK_Click(object sender, EventArgs e)
{
if(string. IsNullOrEmpty(this. txtName. Text. Trim()))
{
    this. lblInfo. Text="姓名不能为空.";
    return;
}
string name=this. txtName. Text. Trim();
string sex="先生";
if (this. radFemale. Checked)
{
    sex=this. radFemale. Text. trim();
}
this. lblInfo. Text=string. Format{"{0}{1}您好!", name, sex};
}
```

并在自动生成的 Page_Load 事件里添加如下代码。

```
protected void page_Load(object sender, EventArgs e)
{
        this. lblInfo. Text="请输入姓名";
}
```

④在 IIS 发布站点，按照第 1. 3. 3 节的方式发布网站。

⑤启动 IIS，访问我们发布在 IIS 上的网站。打开浏览器，输入页面地址“http://localhost/test/Hello.aspx”，查看是否按我们的需求显示。

## 1. 7　体验 ASP.NET 快速开发

前面的例子比较简单，主要是让大家体会一下 ASP.NET 的代码后置、控件+事件的编程模式，以区别于 JSP 的方式。本节，还将通过一个 ASP.NET 示例，让大家体验 ASP.NET 的快速开发。

利用前面创建的站点，新建一个页面，打开“Server Explorer”(服务器资源管理器)，可以右键单击“DataConnections”添加一个连接，指向 empdb 数据库，找到 empinfo 表，并将其拖入页面。其实工具为我们自动生成了两个控件：一个数据源控件和一个数据展示控件(在第 6 章会详细介绍)。单击网格控件右上角的箭头图标，显示 GridView 任务对话框，选中“Enable Paging”(允许分页)和“Enable Sorting”(允许排序)。

单击对话框中“自动套用格式”，显示“自动套用格式”对话框，并选择一种格式，选择完成之后单击“OK”按钮，设置控件的 PageSize 属性为 5，显示浏览页面。

测试分页和排序(单击表头)功能，我们发现，只需要简单操作，ASP.NET 就能为我们显示数据库中的数据；还可以很方便地对数据进行分页和排序操作。另外，Visual Studio 2010 还为控件提供了多种套用格式，只需要简单的选择，就可以完成一个漂亮的页面，且不需要编写一句代码。

# 作　业

1.简述你对 B/S 模式和 C/S 模式的理解。

2.新建一个 ASP.NET 程序，实现用户在页面上输入姓名，单击“提交”按钮后，向用户问好，如用户输入“张三”，单击“提交”按钮后，页面输出“张三您好！”。要求程序在 IIS 上发布运行。

3.简述使用 ASP.NET 开发 Web 程序相对于其他技术的优点。

# 第 2 章　ASP.NET 系统对象(1)

**学习目标**

- 了解 ASP.NET 系统对象
- 了解 ASP.NET 的 Page 指令
- 掌握 ASP.NET 的页面生命周期
- 掌握 ASP.NET 的 Page 对象
- 掌握 ASP.NET 的 Request 对象
- 掌握 ASP.NET 的 Response 对象
- 掌握 ASP.NET 的 Server 对象

## 2.1　系统对象简述

在 ASP.NET 页面中包括一系列可以直接使用的对象，我们称之为系统对象。表 2.1 列出了 ASP.NET 中常用的系统对象。

**表 2.1　ASP.NET 中常用的系统对象**

| 系统对象 | 说　明 |
| --- | --- |
| Page | Page 对象是指向页面本身的对象 |
| Request | Requset 对象封装了客户端向服务端发送的数据和客户信息 |
| Response | Response 对象封装了服务器想客户端响应的相关的数据 |
| Application | Application 对象属于服务器对象，为所有用户提供共享信息 |
| Session | Session 也是服务器对象，为某个用户提供共享信息，如用户信息 |
| Cookie | Cookie 对象提供保存在客户端的共享信息方式 |
| Server | Server 对象封装了服务器的一些属性和方法 |

## 2.2　Page 对象

每一个 ASP.NET 页面在第一次请求时都会被编译成一个页面类。这个类继承自 System.Web.UI.Page，Page 对象就是页面类的实例。表 2.2 列出了 Page 对象的常用属性及方法。

表 2.2　Page 对象的常用属性及方法

| 属　性 | 说　明 |
|---|---|
| IsPostBack | 获取一个值，该值指示该页是否正为响应客户端会话而加载，或者它是否正被首次加载和访问 |
| Master | 获取确定页的整体外观的母版页 |
| Title | 获取页面的标题 |
| ViewState | 视图状态，用于存储临时数据，存储的数据只对当前本次请求有效 |
| 方　法 | 说　明 |
| WasControls | 返回一个布尔值，指示页面上是否有控件 |
| FindControl | 根据控件 ID 查找页面上的控件，并将其返回 |

IsPostBack 属性：当页面第一次被请求时，页面被加载编译成一个页面类，并保持在内存当中；当第二次访问时，就不需要再编译。Page 对象的 IsPostBack 属性可以判断页面是否第一次被访问。如果 IsPostBack 值为 false 时，页面是首次加载，否则为回传页面。

新建一个 Web 站点，在默认页面 Default.aspx 中添加一个按钮控件，设计页面代码如下所示：

```
<%@ Page Language="C#" AutoEventWirup="ture" CodeFIle="PageTest.aspx.cs"
Inherits="PageTest"%>
<!DOCTYPE html PUBLIC"//W3C//DTD XHTML 1.0 Transitional//EN"
"http:www.w3.org/TR/xheml1/DTD/xhtml1-transitional.dtd">
<html xmlns="http://www.w3.org/1999/xhtml">
<head runat="server">
<title></title>
</head>
<body>
<form id="form1" runat="server">
<div>
    <asp:Button ID="btn" runat="server" Text="Button" />
</div>
</form>
</body>
</html>
```

并为页面加载时间添加如下代码：

```
protected void Page_Load(object sender, EventArgs e)
{
if(!Page.IsPostBack)
{
    this.btn.Text="页面第一次加载";
}
```

```
else
{
    this.btn.Text="回传页面";
}
}
```

运行 Default.aspx 页面，可以看到按钮的文本显示“页面第一次加载”。当我们单击按钮后，浏览器刷新，并发现按钮文本显示为“回传页面”。可以结合 ASP.NET 的运行机制来理解页面的回传。

**注意：**一般在“if(! Page.IsPostBack){}”中作一些页面初始操作。

Page 还有一个非常重要的事件——页面加载事件(Page_Load)，在前面我们已经多次使用。在新建一个 Web 窗体时，该事件会自动生成，我们只需在里面编写代码即可。Page_Load 事件一般和 Page_IspostBack 属性配合使用，为页面作一些初始化操作。

在 Visual Studio 中，新建一个 Web 窗体，查看代码设计视图，生成的第一行代码如下所示：

```
<%@Page Language="C#"
AutoEventWireup="ture" CodeFile="Default.aspx.cs"
Inherits="Desault"%>
```

以上代码，就是@Page 指令。@Page 指令定义一个 ASP.NET 页用于编译和解析的属性。每个.aspx 文件都包含一个@Page 指令。从代码中可以看出，@Page 指令包含了一些参数。表 2.3 列举了@Page 指令中参数的说明。

**表 2.3　@Page 指令中参数的说明**

| 参　数 | 说　明 |
|---|---|
| Language | 设置页面和后台代码的语言，这里只支持.NET 所支持的语言 |
| AutoEventWireup | 设置页面是否自动调用网页事件，默认为 ture |
| Inherits | 该 aspx 页面对应的后台代码类 |
| CodeFile | 该 aspx 页面所使用的代码后置文件名 |
| Trace | 是否启用对当前 Web 请求进行跟踪 |
| ValidateRequest | 验证用户提交的数据是否含有潜在攻击性脚本 |

## 2.3　ASP.NET 页面的生命周期

ASP.NET 开发的 Web 页面有它自己的生命周期，从生成到销毁，会经历不同的阶段和过程，这些阶段和过程包括：

①页面请求。页面请求发生在页面生命周期开始之前，用户请求页面时，ASP.NET 将确定是否需要将页面进行分析和编译。

②页面初始化。设置页面的一些属性，如 Request、Response、UniqueID 等，并确定请

求是回发请求还是新请求。

③加载。在加载期间,若当前请求是回发请求,则将使用从视图状态和控件状态恢复的信息加载控件属性。

④验证。在验证期间,将调用所有验证程序控件的 Validate 方法,此方法将设置各个验证程序控件和页面的 IsValidate 属性。

⑤回发事件处理。若请求是回发请求,则将调用所有事件处理程序。

⑥呈现。在呈现之前,会针对该页和所有控件保存视图状态。在呈现阶段中,页面会针对每个控件调用 Render 方法,该方法会提供一个文本编写器,用于将控件的输出写入页面的 Response 属性和 OutputStream 中。

⑦卸载。完全呈现页面并将页面发送至客户端,准备丢弃该页后,将调用卸载。此时,将卸载页面属性并执行清理。

## 2.4 Request 对象

Request 对象的作用是与客户端交互,收集客户端的 Form、Cookies、超链接,或者收集服务器端的环境变量。

Request 对象是从客户端向服务器发出请求,包括用户提交的信息以及客户端的一些信息。客户端可通过 HTML 表单或在网页地址后面提供参数的方法提交数据,然后通过 Request 对象的相关方法来获取这些数据。Request 的各种方法主要用来处理客户端浏览器提交的请求中的各项参数和选项。

### 2.4.1 表单提交的两种方式:Get 和 Post

表单提供了两种数据传输的方式——Get 和 Post。虽然它们都是数据的提交方式,但是在实际传输时却有很大的不同。虽然为了方便得到变量值,Web 容器已经屏蔽了二者的一些差异,但是了解二者的差异在以后的编程中会很有帮助的。

表单中的 Get 和 Post 方法,在数据传输过程中分别对应了 HTTP 协议中的 Get 和 Post 方法。Get 和 Post 二者的主要区别如下:

①Get 是用来从服务器上获得数据,而 Post 是用来向服务器传递数据。

②Get 将表单中的数据按照 variable=value 的形式,添加到 action 所指向的 URL 后面,并且两者使用"?"连接,而各个变量之间使用"&"连接;Post 是将表单中的数据放在 form 的数据体中,按照变量和值相对应的方式,传递到 action 所指向的 URL。

③Get 是不安全的,因为在传输过程,数据被放在请求的 URL 中,而如今的很多服务器、代理服务器或者用户代理都会将请求 URL 记录到日志文件中,然后放在某个地方,这样就可能会有一些隐私的信息被第三方看到。另外,用户也可以在浏览器上直接看到提交的数据,一些系统内部消息将会一同显示在用户面前。Post 的所有操作对用户来说都是不可见的。

④Get 传输的数据量小,这主要是因为受 URL 长度限制;而 Post 可以传输大量的数据,所以在上传文件只能使用 Post(当然还有一个原因,将在后面提到)。

⑤Get 限制数据集的值必须为 ASCII 字符，而 Post 支持整个 ISO10646 字符集。

⑥Get 是表单提交的默认方法。

⑦使用 Post 传输的数据，可以通过设置编码的方式正确转化为中文，而 Get 传输的数据却没有变化。在以后的程序中，我们一定要注意这一点。

### 2.4.2 Request 常用的属性

当浏览器向服务器请求页面时，这个行为就被称为一个 Request(请求)。

ASP Request 对象用于从用户那里获取信息，它的主要属性如表 2.4 所示。

表 2.4　ASP Request 的主要属性

| 参　数 | 说　明 |
| --- | --- |
| ApplicationPath | 获取服务器上 ASP.NET 应用程序的虚拟应用程序根路径 |
| Browser | 获取有关正在请求的客户端的浏览器功能的信息，该属性值为 HttpBrowserCapabilities 对象 |
| ContentEncoding | 获取或设置实体主体的字符集，该属性值为客户端的字符集 Encoding 对象 |
| ContentLength | 指定客户端发送的内容长度，以字节为单位 |
| ContentType | 获取或设置传入请求的 MIME 内容类型 |
| Cookies | 获取客户端发送的 Cookie 集合，该属性值为客户端的 Cookie 变量的 HttpCookieCollection 对象 |
| CurrentExecutionFilePath | 获取当前请求的虚拟路径 |
| Files | 获取客户端上传的文件集合，该属性值为 HttpFileCollection 对象，表示客户端上传的文件集合 |
| Form | 获取窗体变量集合 |
| HttpMethod | 获取客户端使用的 HTTP 数据传输方法(如 Get、Post 或 Head) |
| Item | 获取 Cookies、Form、QueryString 或 ServerVariables 集合中指定的对象 |
| Params | 获取 Cookies、Form、QueryString 或 ServerVariables 项的组合集合 |
| Path | 获取当前请求的虚拟路径 |
| PathInfo | 获取具有 URL 扩展名的资源的附加路径信息 |
| PhysicalApplicationPath | 获取当前正在执行的服务器应用程序的根目录的物理文件系统路径 |
| PhysicalPath | 获取与请求的 URL 相对应的物理文件路径 |
| QueryString | 获取 HTTP 查询字符串变量集合，该属性值为 NameValueCollection 对象，它包含由客户端发送的查询字符串变量集合 |
| RequestType | 获取或设置客户端使用 HTTP 数据传输的方式(Get 或 Post) |
| ServerVariables | 获取 Web 服务器变量的集合 |
| TotalBytes | 获取当前输入流的字节数 |
| Url | 获取有关当前请求 URL 的信息 |
| UserHostAddress | 获取远程客户端的 IP 主机地址 |

### 2.4.3 Request 常用的方法

①MapPath(virtualPath):将当前请求的 URL 中的虚拟路径 virtualPath 映射到服务器的物理路径上。参数 virtualPath 指定当前请求的虚拟路径,可以是绝对路径或相对路径。该方法的返回值为由 virtualPath 指定的服务器物理路径。

②SaveAs (filename,includeHeaders):将 HTTP 请求保存到磁盘。参数 filename 指定物理驱动器路径,includeHeaders 是一个布尔值,指定是否应将 HTTP 表头保存到磁盘。

### 2.4.4 读取窗体变量的四种方式

(1)使用 Request.Form 属性读取窗体变量

HtmlForm 控件的 Method 属性的默认值为 Post,在这种情况下,当用户提交网页时,表单数据将以 HTTP 表头的形式发送到服务器端。此时,可以使用 Request 对象的 Form 属性来读取窗体变量。例如,txtUserName 和 txtPassword 的文本框控件,则可以通过以下形式来读取它们的值:Request.Form["txtUserName"];Request.Form["txtPassword"]。

(2)使用 Request.QueryString 属性读取窗体变量

如果将 HtmlForm 控件的 Method 属性设置为 Get,则当用户提交网页时,表单数据将附加在网址后面发送到服务器端。在这种情况下,可以使用 Request 对象的 QueryString 属性读取窗体变量:Request.QueryString["txtUserName"];Request.QueryString["txtPassword"]。

(3)使用 Request.Params 属性读取窗体变量

不论 HtmlForm 控件的 Method 属性取什么值,都可以使用 Request 对象的 Params 属性来读取窗体变量的内容,如 Request.Params["txtPassword"]或者 Request.["txtPassword"],优先获取 Get 方式提交的数据,它会在 QueryString、Form、ServerVariable 中都按先后顺序搜寻一遍。

**注意:**当使用 Request.Params 的时候,这些集合项中最好不要有同名项。如果仅仅是需要 Form 中的一个数据,但却使用了 Request 而不是 Request.Form,那么程序将在 QueryString、ServerVariable 中也搜寻一遍。如果正好 QueryString 或者 ServerVariable 里面也有同名的项,那么得到的就不是想要的值了。

(4)通过服务器控件的属性直接读取窗体变量

通过服务器控件的属性来直接读取窗体变量是获取表单数据的最常用、最简单的方式。例如,txtUserName.Text。

### 2.4.5 Request 应用示例 1

新建一个名为 Registe.htm 的页面,该页面用于实现用户注册功能,具体包括:用户名、密码、重复密码、性别、邮箱地址、用户头像。Html 代码如下:

```
<!DOCTYPE html PUBLIC "-//W3C//DTD XHTML 1.0 Transitional//EN"
```

```
http://www.w3.org/TR/xhtml1/DTD/xhtml1-transitional.dtd>
<html xmlns="http://www.w3.prg/1999/xhtml">
<head>
<title></title>
<link href="Content/Base.css" rel="stylesheet" type="text/css"/>
<style type="text/css">
body{font-size:12px;}
.tablelayout
{
    width:100%;
}
.tablelayout caption
{
    font-size:16px;
    font-weight:bold;
    line-height:50px;
    text-align:left
    padding-left:15px;
    border-bottom:lpx #aaccff solid;
}
.tablelayout tr{height:30px;}
.tablelayout td.title
{
    text-align:right;
    padding-right;10px;
    font-weight:bold;
    width:35%;
}
.tablelayout td.content
{
    text-align:left;
    padding:0px 8px;
    width:65%;
}
.textbox{height;25px; line-height:25px; padding-left:0px 3px;width:200px;
      margin-top:3px;}
.btn{height:25px;}
</style>
</head>
<body>
<form action="HandleRegiste.aspx" method="post"
     enctype="application/x-www-form-urlencoded">
```

```
<div>
    <table class="tablelayout">
    <caption>
        * * * 业务系统——欢迎注册</caption>
<tr>
    <td class="title">用户名:</td>
    <td class="content">
        <input class="textbox" type="text" name="userName"
                id="txtName"/>
    </td>
</tr>
<tr>
    <td class="title">密码:</td>
    <td class="content">
        <input class="textbox" type="password" name="password"
                id="txtPassword" />
    </td>
</tr>
<tr>
    <td class="title">重复密码:</td>
    <td class="content">
        <input class="textbox" type="password" name="rePassword"
                id="txtRePassword"/>
    </td>
</tr>
<tr>
    <td class="title">性别:</td>
    <td class="content">
            <input type="radio" name="gender" value="1"
                checked="checked"/>男   
            < input type= name="gender" value="2"/>女
      </td>
</tr>
<tr>
      <td class="title">邮箱地址:</td>
      <td class="content">
        <input class="textbox" type="text" name="email"
                id="txtEmail"/>
      </td>
</tr>
<tr>
      <td class="title">用户头像:</td>
```

```
            <td class="content">
                <input class="textbox" type="file" name="photo"
                      id="extPhoto"/>
            </td>
        </tr>
        <tr>
            <td class="title">
            </td>
            <td class="content">
                <input class="btn" id="btnReg" name="btnReg" type="submit"
                      value="立即注册"/>
            </td>
        </tr>
    </table>
    </div>
</form>
</body>
</html>
```

单击注册按钮后,表单数据被提交到名称为 HandleRegiste.aspx 的页面。所以处理用户请求的逻辑代码应该写到 HandleRegiste.aspx 页面的页面加载事件中。其中需要注意以下几个关键点:

• 因为表单是 Post 提交的,所以在获取表单数据时使用 Request.forms[key],并且 key 的值为表单元素的 name 值。

• 获取表单中提交的文件应该使用 Request.File["photo"]。

• 保存文件时,建议将文件保存到网站下的指定目录(如 photos),并且在数据库中只记录文件在网站中的相对路径即可。

• 为了避免多个用户注册时提交相同的文件,在保存时被覆盖,建议重新为文件命名,比如使用 GUID 作为文件的名称。

接着再新建一个名称为 HandleRegiste.aspx 的 Web 窗体文件,进入后台代码,在页面加载事件中加入如下代码:

```
protected void Page_Load(object sender, EventArgs e)
{
string username=Request.Form["userName"];
string password= Request.Form["password"];
string repassword=Request.Form["repassword"];
string gender=Request.Form["gender"];
string email=Request.Form["email"];

//判断用户是否上传了文件
if(Requset.File.Count>0)
```

```
{
    string filrName=Request.File[0].Filename;
    //重新命名文件,避免同名文件被覆盖
    filename=string.Format(@"photo\\{1}.{2}",Fuid.NewGuid()
        ,filename.Substring(filename.LastindexOf(".")));
    //保存文件时需要完成的路径名称
    string fullname=Path.Combine(Server.MapPath("~/"),fileName);
    Request.Files[0].SaveAs(fullName);
}
}
```

## 2.4.6 Request 应用示例 2

现在 Web 的开发趋势是客户端越发的动态化,很多页面中的元素都是在客户端动态生成的,那么服务端如何获取客户端提交的这些动态数据呢？其实不管前端如何变化,在后台服务器上始终是通过客户端表单元素的 name 属性来获取的,而一般动态生成的客户元素其 name 值都有一定的规律可循。

下面的示例我们演示了批量发送邮件的实现过程。其中收件人的数量可以在客户端动态生成多个,当单击“立即发送邮件”按钮后,数据提交到 HandleSendEmail.aspx 页面,并实现邮件的批量发送。

对应的 HTML 源码如下所示：

```
<!DOCTYPE html PUBLIC "-//W3C//DTD XHTML 1.0 Transitional//EN"
http://www.w3.org/TR/xhtml1/DTD/xhtml1-transitional.dtd>
<html xmlns="http://www.w3.org/1999/xhtml">
<head>
<title></title>
<link href="Content/Base.css" rel="stylesheet" type="text/css"/>
<script type="text/javascript">

    function addEmail(){
        //获取填写邮件地址的文本框数量
        var count=document.getElementById("emailbox")
            .getElementsByTagName("input").length;
        //创建一个新的文本框
        var textbox=document.createElement("input");
        textbox.setAttribute("type","text");
//设置文本框的 name 属性
        textbox.setAttribute("name","txtEmail"+(count+1));
        //将新创建的文本框添加到 id 为 emailbox 的 div 里面
      document.getElementById("emailbox"),appendChild(textbox);
}
```

```
</script>
</head>
<body>
<form action="HandleSendEmail.aspx" method="post">
<h1>邮件批量发送示例 $ nbsp;  <small style="color:Red;"
    收件人地址可以动态生成多个</small></hl>
<div class="box">
<input type="button" id="btnAddEmail" value="继续添加收件人地址">
onclick="addEmail();"/> $ nbsp; 
    <input type="submit" value="立即发送邮件" />
</div>
<div id="emailbox" class="box">
    <input type="text" name="txtEmail1"/>
</div>
</form>
</body>
</html>
```

HandleSendEmail.aspx 为邮件发送的处理后台，发送邮件主要用到了 SmtpClient 和 MailMessage 两个类。关于邮件发送的一些基本知识如下：

①邮件发送使用的是 SMTP 协议(简单邮件发送协议)。邮件在发送时需要登录到邮件服务商的 SMTP 服务器。时下常见的邮件服务商的 SMTP 服务器见表 2.5。STMP 协议默认的端口为 25。

**表 2.5　常见邮件服务商的 smtp 服务器列表**

| 邮件服务商 | SMTP 服务器地址 |
|---|---|
| 腾讯 | stmp.qq.com |
| 网易 163 | stmp.163.com |
| 搜狐 | stmp.sohu.com |
| 谷歌 | stmp.gmail.com |

②因为发送邮件时需要登录到邮件服务商的 SMTP 服务器，所以还需要有用户名和密码。一般而言，用户名和密码就是自己的邮箱地址和邮箱密码。

③发送邮件时，必须设置发信人、收信人(可以是多个)、邮件主题、邮件正文；可选设置抄送人(可以是多个)、邮件附件(可以是多个)。

**注意**：一般而言，我们申请的免费邮箱在批量发送邮件时是有一定限制的，比如我们在短时间内向邮件服务器提交了大量的发送请求，那么可能会被认为是恶意攻击，轻则邮件被作为垃圾邮件处理，重则导致 IP 被封或邮箱被冻结。

HandleSendEmail.aspx 的逻辑代码如下所示：

```
protected void Page_Load(object sender, EventArgs e)
```

```
{
foreach(var item in Request. Form. Keys)
{
    if(item. ToString(). Startswith("txtEmail"))
   {
        string email=Requset. Form[item. ToString()];

        //设置 smtp 服务器的 ip 和端口
SmtpClient smtpClient=new SmtpClient("stmp. qq. com",25);
        //设置发送邮件时登录 smtp 服务的用户名和密码
        smtpClient. Credentials=new NetworkCredential("邮箱用户名","邮箱密码");
MailMessage mailMessage=new MailMessage();
        //设置邮件主题
        mailMessage. Subject="邮件主题";
        //设置邮件内容
        mailMessage. Body="邮件内容";
        //设置发件人
        mailMessage. From=new MailAddress("发件人邮箱地址");
        //设置收件人
mailMessage. To. Add(email);

        //设置抄送人
        mailMessage. CC. Add("抄送人邮箱地址");
        //设置附件
Attachment attachFile=new Attachment(@"附件的绝对路径");
mailMessage. Attachments. Add(attachFile);
        //执行发送邮件操作
         smtpClient. Send(mailmessage);
   }
}
}
```

# 2. 5 Response 对象

Response 对象用于动态响应客户端请示,控制发送给用户的信息,并动态生成响应。Response 对象只提供了一个数据集合 cookie,它用于在客户端写入 cookie 值。若指定的 cookie 不存在,则创建它。若存在,则将自动进行更新。结果返回给客户端浏览器。

## 2. 5. 1 Response 常用属性及方法介绍

Response 对象有两个常用属性,分别是 Buffer 属性和 ContentType。

Buffer 属性用来设置是否使用缓冲区,如下所示:

```
Response.Buffer=Ture;//使用缓冲区
Response.Buffer=False;//不使用缓冲区
```

ContentType 属性用来设置服务器向客户端输出内容的类型。不同的 ContentType 会影响客户端所看到的效果。默认的 ContentType 为 text/html，也就是网页格式。

下面的代码演示了在开发过程中常用的 ContentType 类型：

```
Response.ContentType="image/gif";//设置输出文件类型为 GIF 文件类型
Response.ContentType="text/plain";//设置输出文件类型为文本文件
Response.ContentType="application/msword";//微软 Word 格式
Response.ContentType="application/vnd.ms-excel";//excel 格式
Response.ContentType="application/vnd.ms-powerpoint";//微软 PPT 格式
Response.ContentType="application/pdf";//pdf 文档格式
Response.ContentType="text/xml";//xml 格式
Response.ContentType="application/json";//json 格式
```

**表 2.6　Response 常用方法说明**

| 方　法 | 说　明 |
| --- | --- |
| Write | 向客户端输出数据 |
| Redirect | 地址重定向(转到其他 URL 地址) |
| BinaryWrite | 输出二进制数据 |
| Clear | 清除缓冲区所有信息(在 Response.Buffer 为 Ture 的条件下) |
| End | 终止输出 |
| Flush | 将缓冲区信息输出(在 Response.Buffer 为 Ture 的条件下) |

## 2.5.2　Response 应用示例

①新建 ASP.NET 程序，在 Default.aspx 中，使用 Response 对象的 Write()方法向浏览器输出内容。Default.aspx 是一个空白页面，Default.aspx.cs 中的代码如下所示：

```
using System;
using System.Collections.Generic;
using System.Linq;
using System.Web;
using System.Web.UI;
using System.Web.UI.WebControls;

public partial class _Default:System.Web.UI.Page
{
protected void Page_Load(object sender, EventArgs e)
{
    Response.Write("听话的孩子不一定就是好孩子!!!<br>
```

```
                聪明的孩子会有自己的主见!!!")
    }
    }
```

②在该站点中新建一个名为 Default.aspx 的空白页面，来演示 Response.End()方法的使用，在代码文件 Default.aspx.cs 的 Page_Load 事件中添加如下代码：

```
protected void Page_Load(object sender, EventArgs e)
{
for (int i=0;i<=100;i++)
{
    Response.Write(i * i);
    Response.Write(",");
    if(i==11)
   {
    Response.Write();

   }
  }
}
```

该程序利用一个 for 循环，向浏览器输出 1～100 的平方。但是当输出到 11 的平方时，调用了 End()方法来终止输出。

③新建 Index.aspx 页面和 Login.aspx 页面，完成如下功能：在 Login.aspx 页面输入用户名和密码，登录成功后，自动跳转到 Index.aspx 页面。页面 HTML 代码如下所示：

```
<%@ Page Language="C#" AutoEventWireup="ture" CodeBehind="Login.aspx.cs"
Inherits="Charpter.Login"%>

<!DOCTYPE html PUBLIC "-//W3C//DTD XHTML 1.0 Transitional//EN"
"http://www.w3.org/TR/xhtml1/DTD/xhtml1-transitional.dtd">

<html xmlns="http://www.w3.org/1999/xhtml">
<head runat="server">
<title></title>
</head>
<body>
<form id="form!" runat="server">
<div>
    <table>
        <tr>
            <td>用户名:</td>
            <td><asp:TextBox runat="server" ID="txtName"></asp:TextBox>
            </td>
```

```
        </tr>
        <tr>
            <td>密码:</td>
            <td><asp:TextBox runat="server" ID="txtPassword"
                    TextMode="Password" ></ asp:TextBox></td>
            </tr>
            <tr>
                <td></td>
                <td>
                    < asp:Button ID="btnLogin" runat="server" Text="登录"
onclick="btnLogin_Click"/>
                </td>
            </tr>
        </table>
    </div>
    </form>
</body>
</html>
```

双击登录按钮，自动进入后台代码文件，编写页面跳转的代码：

```
Response.Redirect("Index.aspx");
```

如果要在页面跳转的同时，将用户名传递到 Index.aspx，只需要在页面后添加参数即可：

```
Response.Redirect("Index.aspx?name=?"+this.txtName.Text.Trim());
```

如果要跳转到百度等外部网址，只需要将跳转的地址写为：

```
Response.Redirect("www.baidu.com");
```

# 2.6　Server 对象

## 2.6.1　Server 常用属性及方法介绍

在 JSP 中没有 Server 对象。ASP.NET 的 Server 对象只是封装了一些 Web 服务器相关的属性和方法。表 2.7 列举了 Server 对象的常用属性和方法。

表 2.7　Server 对象的常用属性和方法

| 属　性 | 说　明 |
|---|---|
| MachineName | 得到服务器主机名称 |
| ScriptTimeout | 设置脚本最长执行时间 |

续表

| 方　法 | 说　明 |
| --- | --- |
| MapPath | 返回指定虚拟路径在磁盘中的物理路径 |
| HtmlEncode | 此方法将 HTML 转换成字符串格式 |
| HtmlDecode | 此方法与 HtmlEncode 方法相反 |
| Execute | 执行另一个页面 |
| Transfer | 转到新的页面 |
| UrlEncode | 对 URL 进行编码 |
| UrlDecode | 此方法与 UrlEncode 方法相反，对 URL 进行解码 |
| GetLastError | 得到系统错误 |

Server 对象的常用属性为 ScriptTimeout 属性。该属性用来设置脚本最长执行时间，默认时间为 110 s。如设置脚本最长执行时间为 150 s，可以这样写：

```
Server.ScriptTime=150;
```

## 2.6.2 Server 对象使用示例

本节将通过一个程序，来介绍 Server 对象的属性和方法。

创建一个 Web 程序，程序包含两个 Web 窗体：Default.aspx 和 Default2.aspx，在站点根目录下放一个文件夹"img"，用于存放图片，在本机拷贝一张图片到该文件夹。

两个页面分别实现的功能如下：

• 在 Default.aspx 中实现显示服务器的相关信息，如主机名、执行脚本时间等，并提供两个按钮，分别使用 Server.Execute()方法和 Server.Transfer()方法执行 Default2.aspx 页面。

• 在 Default2.aspx 页面中使用 Image 控件显示图片。输出图片的物理路径，将路径进行编码和解码并输出。再声明一个包含 HTML 标签的字符串，使用 HTML 编码和解码并输出。

Default.aspx 的设计代码如下所示：

```
<%@ Page Language="C#" AutoEventWireup="ture" CodeFile="Default.aspx.cs"
Inherits="_Default"%>
<html xmlns="http://www.w3.org/1999/xheml">
<head runat="server">
<title>Server 对象的使用-1</title>
</head>
<body>
<form id="form1" runat="server">
<div>
<asp:Button ID="btnExecute" runat="server" onclick="btnExecute_Click"
```

```
        Text="使用 Execute()方法执行 Default.aspx">
    <asp:Button ID="btnTransfer" runat="server" onclick="btnTransfer_Click" Text="使用
Transfer()方法执行 Defawlt2.aspx">
    </div>
    </form>
    </body>
    </html>
```

为两个按钮的 Click 事件添加如下代码：

```
protected void btnExecute_Click(object sender, EventArgs e)
{
    Server.Execute("Default2.aspx");//使用 Execute()方法执行其他页面
}
protected void btnExecute_Click(object sender, EventArgs e)
{
    Server.Transfer("Default2.aspx");//使用 Transfer()方法执行其他页面
}
```

为 Default.aspx 页面的 Page_Load 添加如下代码：

```
protected void Page_Load(objectsender, EvenArgs e)
{
Response.Write("[第一个页面]<br />");
Response.Write("服务器主机名"+Server.MachineName+"<p />");
Response.Write("服务器执行脚本的时间:"+Server.ScriptTimeout+"秒<br/>");
}
```

运行后我们发现 Default.aspx 已经输出了服务器主机名和服务器执行脚本的时间，并为两个按钮添加了 Click 事件。下面我们来设计 Default2.aspx。

Default2.aspx 页面的关键代码如下：

```
<form id="form1" runat="server">
<div>
    <asp:Image1 runat="server" Height="150px"
        ImageUr1="~/img/Autumn.jpg" Width="240px"/>
</div>
</form>
```

在 Default2.aspx 的 Page_Load 事件中添加如下代码：

```
protected void Page_Load(objectsender, EvenArgs e)
{
Response.Write("[第二个页面]<br />");
Response.Write("<br />");
Response.Write("显示的图片物理路径:"+;
```

```
    Server.MapPath(this.Image1.ImageUrl))
    Response.Write("<br/>");
    //将图片路径编码
    string encodeUrl=Server.UrlEncode(this.Image1,ImageUrl);

    Response.Write("对图片路径进行 URL 编码:"+encodeUrl);
    Response.Write("<br/>");
    Response.Write("将编码后的路径解码:"+Server.UrlDecode(encodeUrl));
    //声明一个一个字符串,测试 HtmlEncode 和 HtmlDecode 方法
    string html="<h2>测试 HtmlEncode()方法与 HTMLDecode()方法.</h2>";
    Response.Write("<br/>");
    Response.Write("HtmlEncode 进行编码:"+Server.HtmlEncode(html));
    Response.Write("<br/>");
    Response.Write("HtmlEncode 进行编码:"+Server.HtmlEncode(html));
    Response.Write("<br/>");
    }
```

运行后浏览 Default.aspx 页面并单击“使用 Execute()方法执行 Default2.aspx”按钮，我们会发现，在使用 Execute()方法执行其他页面后，原页面继续执行。

## 作　业

1.创建一个 ASP.NET 应用程序，实现客户注册功能(包含客户姓名、联系电话、工作单位、电子邮件)。客户填写注册信息后，验证客户所填写的注册信息。

2.编写一个论坛发帖程序，包含两个页面：发帖页面(Writereview.aspx)和帖子列表(ReviewList.aspx)页面。发帖时要求包含发帖人邮箱、内容，其中内容可由用户随意输入，包括一些脚本代码。帖子的内容保存到数据库。

3.编写一个小说阅读网站。每一本小说都保存在一个文本文件中，所有文本文件保存到网站根目录下的 books 目录。网站包含两个页面：一个页面(BooksList.aspx)显示所有的小说；另一个页面(ReadBook.aspx)用来读小说，被阅读的小说通过参数传递到 ReadBook.aspx。

# 第 3 章　ASP.NET 系统对象(2)

**学习目标**

- 掌握 ASP.NET 的状态保持
- 掌握 HttpRuntime 和 HttpContext
- 会使用 Global.asax 文件的常用事件

## 3.1　状态保持对象

HTTP 协议是无状态的，但是在程序实际应用中我们需要实现保存状态的功能，如用户登录后需要对用户信息进行保存，这种保存状态的功能在 ASP.NET 中被称为状态保持。在 ASP.NET 中主要使用 ViewState、Cookie、Session 和 Application 四种系统对象来实现状态保持，如表 3.1 所示。

**表 3.1　状态保持对象**

| 状态保持对象 | 数据大小 | 生命周期 | 应用范围 | 保持位置 |
| --- | --- | --- | --- | --- |
| ViewState | 任意大小 | 本次请求 | 单个用户 | 服务端 |
| Cookie | 少量简单数据 | 根据需要设定 | 单个用户 | 客户端 |
| Session | 任意大小 | 根据需要设定 | 单个用户 | 服务端 |
| Application | 任意大小 | 与程序的生命周期相同 | 整个程序，所有用户 | 服务端 |

### 3.1.1　ViewState 对象

在页面间回传通信，ASP 中一般利用窗体的属性 session 来存放数据，在 ASP.NET 中也可以使用 ViewState 对象来做同样的处理。

```
//在 ViewState 存放数据：
ViewState[key] = value;

//取出数据：
ViewState.Add(key, value);

//key 不存在时返回空
TempStr = ViewState[key];
```

不能通过 ViewState 对象来访问控件的值。当需要动态地建立一个服务器控件时，可建立一个 RadioButton 控件并加入到窗体控件集合中：

```
RadioButton rb = new RadioButton();
Page.Controls[1].Controls.Add(pc);
```

上面的代码增加一个控件到控件集合末，同样也可以插入到已有控件中的任何位置：

```
RadioButton rb = new RadioButton();
Page.Controls[1].Controls.AddAt(1,pc);
```

通常，这些动态生成的控件的状态也需要生成到 ViewState 中去，但这个功能 ASP.NET 并没有完全实现。

当动态生成控件和已有控件并存时，ViewState 的结果是不可预料的。在页面回传时，首先非动态生成的控件在.aspx 页中被生成，并在 Page_Init 和 Page_Load 事件中读取 ViewState。当页面的控件读取 ViewState 的值时，那些动态生成的控件却还没有被生成，所以当动态生成的控件被生成时，页面就会省略掉 ViewState 或者用剩下或许错误的 ViewState 来填充控件。所以，当需要插一个动态生成的控件到已有控件中去时，最好把这个控件的 ViewState 通过 EnableViewState 禁止掉。

**注意：**

• 当存在页面回传时，不需要维持控件的值就要把 ViewState 禁止。

• ViewState 的索引是大小写敏感的。

• ViewState 不是跨页面的。

• 为了能保存在 ViewState 中，对象必须是可流化或者定义了 TypeConverter。

• 控件 TextBox 的 TextMode 属性设置为 Password 时，它的状态将不会被保存在 ViewState 中，这应该是出于安全性的考虑。

• 在页面没有回传或重定向或在回传中转到(transfer)其他页面时不要使用 ViewState。

• 在动态建立控件时要小心它的 ViewState。

• 当禁止一个程序的 ViewState 时，这个程序的所有页面的 ViewState 也被禁止了。

• 只有当页面回传自身时 ViewState 才是持续的。

### 3.1.2 Cookie 对象

Cookie 是服务器为用户访问而存储的特定信息。这些特定信息包括用户的注册名、用户上次访问的页面、用户首选的样式表。用户再次访问服务器时，将从这个 Cookie 读取这些特定信息，并存储到 Session 对象中，以提供用户全局性访问网站。Cookie 最大的用途就是用于服务器对用户身份的确认，这种认证称为票据认证。Cookie 最根本的用途是能够帮助网站保存有关访问者的信息。

表 3.2 列举了 Cookie 对象的常用属性，表 3.3 列举了 Cookie 对象的常用方法。

表 3.2　Cookie 对象的常用属性

| 属　性 | 说　明 |
| --- | --- |
| Name | 获取或设置 Cookie 的名称 |
| Value | 获取或设置 Cookie 的值 |
| Expires | 获取或设置 Cookie 的过期日期和时间 |
| Version | 获取或设置此 Cookie 符合的 HTTP 状态维护版本 |
| Comment | 获取或设置服务器可添加到 Cookie 中的属性 |

表 3.3　Cookie 对象的常用方法

| 方　法 | 说　明 |
| --- | --- |
| Add | 新增一个 Cookie 变量 |
| Clear | 清除 Cookie 集合内的变量 |
| Get | 通过变量名或索引得到 Cookie 的变量值 |
| GetKey | 以索引来获取 Cookie 的变量名称 |
| Remove | 通过 Cookie 变量名来删除 Cookie 变量 |

会话 Cookie 的创建方式：

```
HttpCookie myCookie = new HttpCookie("UserSettings", "hello");
```

将创建好的 Cookie 对象加入到 Response 类的 Cookie 属性中：

```
Response.Cookie.Add(myCookie);
```

使用 Request 对象读取 Cookie：

```
Request.Cookies["Cookie 名"].Value
```

以下是 Cookie 的限制：

• 单个 Cookie 包含的信息量不能多于 4 kB。

• 只能在 Cookie 中存储字符串内容。如果想在 Cookie 中存储数值，比如用户 ID，那么需要将此值转换为字符串。

• 依赖于浏览器。

Cookie 对象属性与方法的应用示例，针对于单个用户的访问次数计数器：

```
using System;
using System.Collections.Generic;
using System.Linq;
using System.Web;
using System.Web.UI;
using System.Web.UI.WebControls;
public partial class Cookie_CookieDemot : System.Web.UI.Page
{
```

```
protected void Page_Load(object sender, EventArgs e)
{
        Response.SetCookie(new HttpCookie("Color", TextBox1.Text));
    string ip = Request.UserHostAddress;
//获取访问主机的 ip
    int number = 1;
    //想让 number 来进行运算,每登录一次就让 number 加 1,加 1 后结果保存起来,下次再
在这个结果上加 1
    //每次把 number 的结果放在一个 cookie 中,如 Cookie["IntVisit"]=number
    if (Request.Cookies["IntVisit"] ==null)
//第一次访问网页时,key 值为 IntVisit 的 Cookie 还不存在
    {
        HttpCookie cookie =new HttpCookie("IntVisit", number.ToString());
//不存在就声明一个 intVisit 的 Cookie
        cookie.Expires = DateTime.Now.AddYears(1);
//设置 Cookie 的有效时间
        Response.Cookies.Add(cookie);
//设置一个可以保存在浏览器硬盘中的 Cookie
    }
    else
    {
        HttpCookie cookie = Request.Cookies["IntVisit"];
        number = Convert.ToInt32(cookie.Value);
//获取当前 ip 的访问次数
        number++;
//次数加 1
        cookie.Value = number.ToString();
        cookie.Expires = DateTime.Now.AddYears(1);
        Response.SetCookie(cookie);
    }
    Response.Write("您的 ip 为:" + ip +"访问次数为:" + number);
    Response.End();
  }
}
```

### 3.1.3 Session 对象

为了克服 Cookie 的不足,设计了 Session 对象。与 Cookie 不同,Session 是存储在服务器端的数据,针对每一个链接,系统会自动为其分配一个 SessionID,用来标识每一个不同的用户。该 ID 在客户端和服务器间进行传递,从而达到唯一标识某个用户的目的。可用 Session.SessionID 得到该 ID 的值。

Session 的出现填补了 HTTP 协议的局限。HTTP 协议工作过程是用户发出请求,

服务器端作出响应，这种客户端和服务器端之间的联系都是离散的、非连续的。在 HTTP 协议中没有什么能够允许服务器来跟踪用户请求的。在服务器端完成响应用户的请求后，服务器端不能持续与该浏览器保持连接。从网站的观点上看，每一个新的请求都是单独存在的，因此，当用户在多个网页间转换时，根本无法知道他的身份。

使用 Session 对象存储特定用户会话所需的信息。这样，当用户在应用程序的 Web 页之间跳转时，存储在 Session 对象中的变量将不会丢失，而是在整个用户会话中一直存在下去。

当用户请求来自应用程序的 Web 页时，如果该用户还没有会话，那么 Web 服务器将自动创建一个 Session 对象。当会话过期或被放弃后，服务器将中止该会话。总的来说，Session 对象具有以下特点：

• Session 对象包含某个用户的状态信息，此信息仅面向一个用户，不与其他用户共享。

• 会话通过唯一的 Session 传递信息，不像 Cookie 那样将所有内容传输，客户端仅对 SessionID 可见，而对状态信息的内容不可见，因为状态信息保存在服务器端。

• 会话超时或者过期，服务器立即清除 Session 对象，释放所有占用资源。

表 3.4 列举了 Session 对象的常用方法。

**表 3.4　Session 对象的常用方法**

| 方　法 | 说　明 |
|---|---|
| Abandon | 取消当前会话 |
| Add | 向会话状态集合添加一个新项 |
| Clear | 从会话状态集合中移除所有的键和值 |
| Equals | 确定指定的 Object 是否等于当前的 Object |
| Finalize | 允许 Object 在“垃圾回收”回收 Object 之前尝试释放资源并执行其他清理操作 |
| GetEnumerator | 返回一个枚举数，可用来读取当前会话中所有会话状态的变量名称 |
| GetHashCode | 用作特定类型的哈希函数 |
| GetType | 获取当前实例的 Type |
| MemberwiseClone | 创建当前 Object 的浅表副本 |
| Remove | 删除会话状态集合中的项 |
| RemoveAll | 从会话状态集合中移除所有的键和值 |
| RemoveAt | 删除会话状态集合中指定索引处的项 |
| ToString | 返回表示当前 Object 的 String |
| CopyTo | 将会话状态值的集合复制到一维数组中(从数组的指定索引处开始) |

在 ASP.NET 页中，当前会话变量将通过 Page 对象的 Session 属性公开。会话变量集合按变量名称或整数索引来进行索引。可通过按照名称引用会话变量来创建会话变量，而无需声明会话变量或将会话变量显式添加到集合中。下面的代码演示如何在 ASP.NET 页上创建分别表示用户的名字和姓氏的会话变量，并将它们设置为从 TextBox 控件检索到的值。

```
Session["FirstName"] = FirstNameTextBox.Text;
Session["LastName"] = LastNameTextBox.Text;
```

会话变量可以是任何有效的.NET Framework 类型。下面的代码将 ArrayList 对象存储在名为 StockPicks 的会话变量中。当从 SessionStateItemCollection 检索由 StockPicks 会话变量返回的值时,必须将此值强制转换为适当的类型。

```
ArrayList stockPicks = (ArrayList)Session["StockPicks"];
Session["StockPicks"] = stockPicks;
```

会话由一个唯一标识符标识,可使用 SessionID 属性读取此标识符。ASP.NET 应用程序启用会话状态时,将检查应用程序中每个页面请求是否有浏览器发送的 SessionID 值。如果未提供任何 SessionID 值,那么 ASP.NET 将启动一个新会话,并将该会话的 SessionID 值随响应一起发送到浏览器。默认情况下,SessionID 值存储在 Cookie 中。但也可以将应用程序配置为在"无 Cookie"会话的 URL 中存储 SessionID 值。只要一直使用相同的 SessionID 值来发送请求,会话就被视为活动的。如果特定会话的请求间隔超过指定的超时值(以分钟为单位),那么该会话被视为已过期。使用过期的 SessionID 值发送的请求将生成一个新的会话。通过使用 system.web 配置节的 sessionState 元素可配置会话状态。还可以通过使用@ Page 指令中的 EnableSessionState 值来配置会话状态。使用 sessionState 元素可指定以下选项:

- 会话存储数据所使用的模式。
- 在客户端和服务器间发送会话标识符值的方式。
- 会话的 timeout 值。
- 支持基于会话 Mode 设置的值。

下面的代码演示了一个 sessionState 元素,该元素将配置应用程序的 SQL Server 会话模式。该元素将 timeout 值设置为 30 分钟,并指定将会话标识符存储在 URL 中。

```
<sessionState mode="SQLServer"
  cookieless="true "
  regenerateExpiredSessionId="true "
  timeout="30"
stateNetworkTimeout="30"/>
```

可以通过将会话状态模式设置为 Off 来禁用应用程序的会话状态。如果只希望禁用应用程序的某个特定页的会话状态,那么可以将@ Page 指令中的 EnableSessionState 值设置为 false,还可将 EnableSessionState 值设置为 ReadOnly 以提供对会话变量的只读访问。

对 ASP.NET 会话状态的访问专属于每个会话,这意味着如果两个不同的用户同时发送请求,那么会同时授予对每个单独会话的访问。但是,如果这两个并发请求是针对同一会话的(通过使用相同的 SessionID 值),那么第一个请求将获得对会话信息的独占访问权,第二个请求将只在第一个请求完成之后执行。如果由于第一个请求超过了锁定超时时间而导致对会话信息的独占锁定被释放,那么第二个会话也可获得访问权。如果将

@ Page 指令中的 EnableSessionState 值设置为 ReadOnly，那么对只读会话信息的请求不会导致对会话数据的独占锁定。但是，对会话数据的只读请求可能仍需等到解除由会话数据的读写请求设置的锁定。

下列代码使用 HttpSessionState 对象持久保留单个会话中的值：

```
string firstName = "Jeff";
string lastName = "Smith";
string city = "Seattle";
Session["FirstName"] = firstName;
Session["LastName"] = lastName;
Session["City"] = city;
```

会话状态可能会过期(默认情况下，在处于不活动状态 20 分钟后过期)，而在其中存储的信息可能会丢失。可以使用 sessionState 配置节的 timeout 属性控制会话状态生存期。

下列代码访问 Item 属性来检索会话状态中的值：

```
string firstName = (string)(Session["First"]);
string lastName = (string)(Session["Last"]);
string city = (string)(Session["City"]);
```

如果尝试从不存在的会话状态中获取值，那么不会引发任何异常。若要确保所需的值在会话状态中，请首先使用测试检查该对象是否存在：

```
if (Session["City"] == null)
// No such value in session state; take appropriate action.
```

如果您尝试通过某些其他方法(例如，检查其类型)使用不存在的会话状态项，就会引发 NullReferenceException 异常。

Web.config 有两种，分别是服务器配置文件和 Web 应用程序配置文件，它们都名为 Web.config。在这个配置文件中会保存当前 IIS 服务器中网页的使用语言、应用程序安全认证模式、Session 信息存储方式的一系列信息。这些信息是使用 XML 语法保存的，如果想对其编辑，使用文本编辑器就可以。其中服务器配置文件会对 IIS 服务器下所有的站点中的所有应用程序起作用。在.NET Framework 1.0 中，服务器的 Web.config 文件位于/WinNT/ Microsoft.NET/Framework/v1.0.3705 中。而 Web 应用程序配置文件 Web.config 则保存在各个 Web 应用程序中。例如：当前网站的根目录/Inetpub/wwwroot，而当前的 Web 应用程序为 MyApplication，则 Web 应用程序根目录就应为/Inetpub/wwwroot/MyApplication。如果你的网站有且只有一个 Web 应用程序，一般来说应用程序的根目录就是/Inetpub/wwwroot。如果想添加一个 Web 应用程序，在 IIS 中添加一个具有应用程序起始点的虚拟目录就行了。这个目录下的文件及目录将被视为一个 Web 应用程序。但是，这样通过 IIS 添加 Web 应用程序是不会为你生成 Web.config 文件的。如果想创建一个带有 Web.config 文件的 Web 应用程序，需要使用 Visual Studio.NET 新建一个 Web 应用程序项目。

Web 应用程序的配置文件 Web.config 是可选的，可有可无。如果没有，每个 Web 应用程序会使用服务器的 Web.config 配置文件。如果有，那么会覆盖服务器 Web.config 配置文件中相应的值。在 ASP.NET 中，Web.config 修改保存后会自动立刻生效，不用再像 ASP 中的配置文件修改后需要重新启动 Web 应用程序才能生效。

打开某个应用程序的配置文件 Web.config 后，我们会发现以下这段：

```
<sessionState
    mode="InProc"
    stateConnectionString="tcpip=127.0.0.1:42424"
sqlConnectionString="datasource=127.0.0.1;Trusted_Connection
=yes"
    cookieless="false"
    timeout="20"
/>
```

这一段就是配置应用程序存储 Session 信息了。我们以下的各种操作主要是针对这一段配置展开。SessionState 节点的语法是这样的：

```
<sessionState mode="Off|InProc|StateServer|SQLServer"
      cookieless="true|false"
      timeout="number of minutes"
      stateConnectionString="tcpip=server:port"
      sqlConnectionString="sql connection string"
      stateNetworkTimeout="number of seconds"
/>
```

### 3.1.4 Application 对象

Application 对象是应用程序的对象，用于在所有用户间共享信息。当应用程序第一次启动时，创建 Application 对象，创建成功后，在整个应用程序中都可以访问该对象的值。在 Web 应用程序运行期间使用 Application 保存持久数据，如站点的访问人次。

Application 对象是 HttpApplicationState 类的一个实例，将在客户端第一次从某个特定的 ASP.NET 应用程序虚拟目录中请求任何 URL 资源时创建。对于 Web 服务器上的每个 ASP.NET 应用程序，都要创建一个单独的实例。然后通过内部 Application 对象公开对每个实例的引用。Application 对象使给定应用程序的所有用户之间能共享信息，并且在服务器运行期间持久地保存数据。因为多个用户可以共享一个 Application 对象，所有必须要有 Lock()和 Unlock()方法，以确保多个用户无法同时改变某一属性。Application 对象成员的生命周期止于停止 IIS 服务或使用 Clear()方法清除。表 3.5 列出了 Application 对象的常用方法。

表 3.5　Application 对象的常用方法

| 方　法 | 说　明 |
| --- | --- |
| All | 返回一个对象数组，表示所有 Application 里存储的对象 |
| Allkeys | 返回一个字符串数组，表示 Application 的全部 key 值 |
| Count | 取得 Application 存放对象的数量 |
| Add | 新增一个 Application 对象 |
| Clear | 清除全部 Application 中的对象 |
| Get | 使用索引值或键值得到对象 |
| Set | 根据键值，更新对象 |
| Lock | 锁定全部的 Application 变量 |
| Unlock | 解除被锁定的 Application 变量 |

Application 同样使用键值对的方式存储数据，Application 的用法与 Session 相同，语法如下所示：

```
Application ["Application"]=值;
变量=Application["Application 名称"];
```

新建一个应用程序来演示通过 Application 对象统计并存储网站访问的次数，默认页面 Default.aspx 为一个空白页面。

在 Default.aspx 的 page_Load 事件中添加如下代码：

```
protected void Page_Load(object sender, EventArgs e)
{
//判断 Application["count"]是否为空
if(Application["count"]==null)
{
Application("count",1);
        Response.Write("您是第 1 个访问者.");
}
else
{
      //取出 count 的值并加 1
      int count = Convert.ToInt32(Application["count"])+1;
Application.Set("count",count);
        Response.Write("您是第"+count+"个访问者.");
}
}
```

浏览页面，显示如图 3-1 所示。

打开一个新浏览器，键入 Default.aspx 的地址，输出如图 3-2 所示。

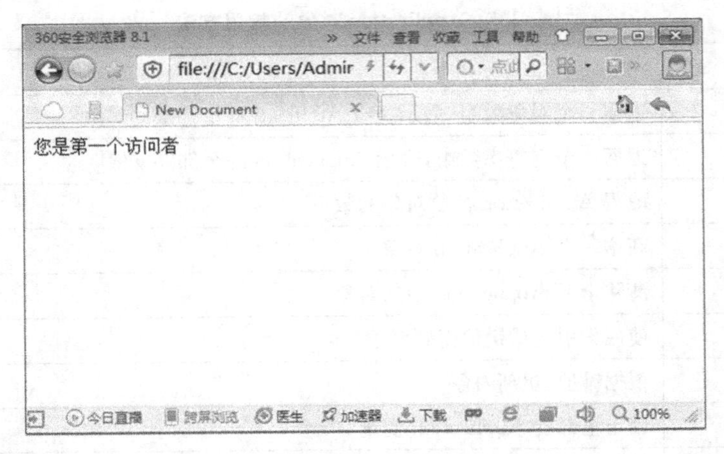


图 3-1 第一次访问

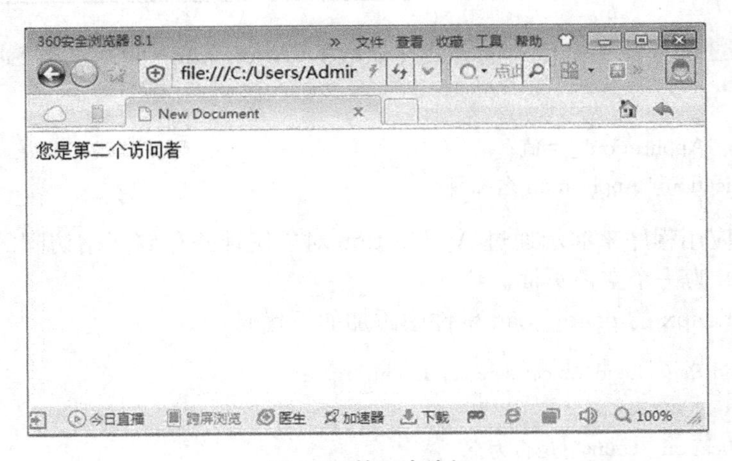


图 3-2 第二次访问

其实在 ASP. NET 开发中，并不需要在后台代码里过多地使用 Session 和 Application 对象，这也是和 JSP 的区别。ASP.NET 提供了一个“全局应用程序类”，用于操作这两个对象，这个类的文件名为“Global.asax”，每个应用程序，只能创建一个这样的文件。

## 3.2 使用 Global.asax

Global.asax 文件，有时候叫作 ASP.NET 应用程序文件，提供了一种在一个中心位置响应应用程序级或模块级事件的方法。你可以使用这个文件实现应用程序安全性以及其他一些任务。下面让我们详细看一下如何在应用程序开发工作中使用这个文件。Global.asax 位于应用程序根目录下。虽然 Visual Studio.NET 会自动插入这个文件到所有的 ASP.NET 项目中，但是它实际上是一个可选文件。删除它不会出问题——当然是在你没有使用它的情况下。.asax 文件扩展名指出它是一个应用程序文件，而不是一个使用 aspx 的 ASP.NET 文件。

Global.asax 文件拒绝任何(通过 URL 的)直接 HTTP 请求的访问,所以用户不能下载或查看其内容。ASP.NET 页面框架能够自动识别出对 Global.asax 文件所做的任何更改。在 Global.asax 被更改后,ASP.NET 页面框架会重新启动应用程序,包括关闭所有的浏览器会话,去除所有状态信息,并重新启动应用程序。

Global.asax 文件继承自 HttpApplication 类,它维护一个 HttpApplication 对象池,并在需要时将对象池中的对象分配给应用程序。

表 3.6 列出了 Global.asax 文件包含的事件,这些事件常被用于安全性方面。

**表 3.6　Global.asax 文件包含的事件**

| 事　件 | 说　明 |
|---|---|
| Application_Init | 在应用程序被实例化或第一次被调用时,该事件被触发。对于所有的 HttpApplication 对象实例,它都会被调用 |
| Application_Disposed | 在应用程序被销毁之前触发。这是清除以前所用资源的理想位置 |
| Application_Error | 当应用程序中遇到一个未处理的异常时,该事件被触发 |
| Application_Start | 在 HttpApplication 类的第一个实例被创建时,该事件被触发。它允许你创建可以由所有 HttpApplication 实例访问的对象 |
| Application_End | 在 HttpApplication 类的最后一个实例被销毁时,该事件被触发。在一个应用程序的生命周期内它只被触发一次 |
| Application_BeginRequest | 在接收到一个应用程序请求时触发。对于一个请求来说,它是第一个被触发的事件,请求一般是用户输入的一个页面请求(URL) |
| Application_EndRequest | 针对应用程序请求的最后一个事件 |
| Application_PreRequestHandlerExecute | 在 ASP.NET 页面框架开始执行诸如页面或 Web 服务之类的事件处理程序之前,该事件被触发 |
| Application_PostRequestHandlerExecute | 在 ASP.NET 页面框架结束执行一个事件处理程序时,该事件被触发 |
| Applcation_PreSendRequestHeaders | 在 ASP.NET 页面框架发送 HTTP 头给请求客户(浏览器)时,该事件被触发 |
| Application_PreSendContent | 在 ASP.NET 页面框架发送内容给请求客户(浏览器)时,该事件被触发 |
| Application_AcquireRequestState | 在 ASP.NET 页面框架得到与当前请求相关的当前状态(Session 状态)时,该事件被触发 |
| Application_ReleaseRequestState | 在 ASP.NET 页面框架执行完所有的事件处理程序时,该事件被触发。这将导致所有的状态模块保存它们当前的状态数据 |
| Application_ResolveRequestCache | 在 ASP.NET 页面框架完成一个授权请求时,该事件被触发。它允许缓存模块从缓存中为请求提供服务,从而绕过事件处理程序的执行 |

续表

| 事　件 | 说　明 |
| --- | --- |
| Application_UpdateRequestCache | 在 ASP.NET 页面框架完成事件处理程序的执行时，该事件被触发，从而使缓存模块存储响应数据，以供响应后续的请求时使用 |
| Application_AuthenticateRequest | 在安全模块建立起当前用户的有效的身份时，该事件被触发。在这个时候，用户的凭据将会被验证 |
| Application_AuthorizeRequest | 当安全模块确认一个用户可以访问资源之后，该事件被触发 |
| Session_Start | 在一个新用户访问应用程序 Web 站点时，该事件被触发 |
| Session_End | 在一个用户的会话超时、结束或他们离开应用程序 Web 站点时，该事件被触发 |

下面这个 C# 的例子演示了不同的 Global.asax 事件。该例子使用 Application_Authenticate 事件来完成通过 Cookie 的基于表单(form)的身份验证，Application_Start 事件填充一个应用程序变量，Session_Start 事件填充一个会话变量，Application_Error 事件显示一个简单的消息用以说明发生的错误。

```
protected void Application_Start(Object sender, EventArgs e)
{
    Application["Title"] = "Builder. com Sample";
    }
        protected void Session_Start(Object sender, EventArgs e) {
        Session["startValue"] = 0;
    }

protected void Application_AuthenticateRequest(Object sender, EventArgs e)
    {
        // Extract the forms authentication cookie
        string cookieName = FormsAuthentication. FormsCookieName;
        HttpCookie authCookie = Context. Request. Cookies[cookieName];
        if(null == authCookie)
        {
            // There is no authentication cookie.
            return;
        }
    }

    FormsAuthenticationTicket authTicket = null;

    try
    {
        authTicket = FormsAuthentication. Decrypt(authCookie. Value);
```

```
        }
        catch(Exception ex)
        {
            // Log exception details (omitted for simplicity)
            return;
        }

        if (null == authTicket)
        {
            // Cookie failed to decrypt.
            return;
        }

        // When the ticket was created, the UserData property was assigned
        // a pipe delimited string of role names.
        string[2] roles
        roles[0] = "One"
        roles[1] = "Two"
        // Create an Identity object
        FormsIdentity id = new FormsIdentity( authTicket );
        // This principal will flow throughout the request.
        GenericPrincipal principal = new GenericPrincipal(id, roles);
        // Attach the new principal object to the current HttpContext object
        Context.User = principal;

        protected void Application_Error(Object sender, EventArgs e)
        {
            Response.Write("Error encountered.");
        }
    }
```

这个例子只是很简单地使用了一些 Global.asax 文件中的事件，重要的是要意识到这些事件是与整个应用程序相关的。

## 3.3　HttpContext 和 HttpUtility

HttpContext 类封装有关个别 HTTP 请求的所有 HTTP 特定的信息，为继承 IHttpModule 和 IHttpHandler 接口的类提供了对当前 HTTP 请求的 HttpContext 对象的引用，该对象提供对请求的内部 Request、Response 和 Server 属性的访问。

以下是两个表单之间传递数据，对于 WebForm1：

```
private void Page_Load(object sender, System.EventArgs e)
```

```
{
    ArrayList list = new ArrayList(4);
    list.Add("This list ");
    list.Add("is for ");
    list.Add("WebForm2 ");
    list.Add("to see. ");
    Context.Items["WebForm1List"] = list;
    Server.Transfer("WebForm2.aspx");
}
```

对于 WebForm2：

```
private void Page_Load(object sender, System.EventArgs e)
{
    ArrayList list = Context.Items["WebForm1List"] as ArrayList;
    if(list != null)
    {
        foreach(string s in list)
        {
            Response.Write(s);
        }
    }
}
```

HttpUtility 类对 URL 字符串进行编码，以便实现从 Web 服务器到客户端的可靠的 HTTP 传输。该类中重载了 3 个 UrlEncode()方法。

将字节数组转换为已编码的 URL 字符串，以便实现从 Web 服务器到客户端的可靠的 HTTP 传输：

```
public static string UrlEncode(byte[]);
```

对 URL 字符串进行编码，以便实现从 Web 服务器到客户端的可靠的 HTTP 传输：

```
public static string UrlEncode(string);
```

使用指定的编码对象对 URL 字符串进行编码，以便实现从 Web 服务器到客户端的可靠的 HTTP 传输：

```
public static string UrlEncode(string, Encoding);
```

# 作　业

1.简述状态保持对象的区别。

2.Global.asax 的作用是什么？

# 第 4 章　ASP.NET 控件

**学习目标**

- 了解 ASP.NET 标准控件
- 了解 ASP.NET 验证控件
- 掌握 ASP.NET 登录控件
- 掌握 ASP.NET 的用户控件

## 4.1　ASP.NET 控件简介

ASP.NET 之所以现在开发方便和快捷，关键是它有一组强大的控件库，包括 Web 服务器控件、Web 用户控件、Web 自定义控件、HTML 服务器控件和 HTML 控件等。这里主要介绍 HTML 控件、HTML 服务器控件和 ASP.NET 服务器控件的区别。

### 1. HTML 控件

HTML 控件是服务器可理解的 HTML 标签。ASP.NET 中的 HTML 元素是作为文本来进行处理的。要想使这些元素可编程，就需要向这些 HTML 元素添加 runat="server" 属性。该属性指示，此元素是一个服务器控件。同时要添加 id 属性来标识该服务器控件。该 id 引用可用于操作运行时的服务器控件。其实就是我们通常所说的 HTML 语言标记，这些语言标记在以往的静态页面和其他网页里存在，不能在服务器端控制的，只能在客户端通过 JavaScript 和 VBScript 等程序语言来控制。

```
<input type="button" id="btn" value="button"/>
```

**注意：**所有 HTML 控件必须位于带有 runat="server" 属性的 <form> 标签内。runat="server" 属性指示该表单应在服务器进行处理，它同时指示其包括在内的控件可被服务器脚本访问。

在下面的例子中，我们在.aspx 文件中声明了一个 HtmlAnchor 服务器控件，然后在一个事件处理程序中操作该 HtmlAnchor 控件的 HRef 属性。Page_Load 事件是众多 ASP.NET 可理解的事件中的一种类型，可执行代码本身已被移到 HTML 之外了：

```
<script runat="server">
Sub Page_Load
link1.HRef="http://www.w3school.com.cn"
End Sub
</script>
```

```
<html>
<body>

<form runat="server">
<a id="link1" runat="server">Visit W3School!</a>
</form>

</body>
</html>
```

**2. HTML 服务器控件**

HTML 服务器控件其实就是 HTML 控件的基础上加上 runat="server"所构成的控件。它们的区别是运行方式不同,HTML 控件运行在客户端,而 HTML 服务器控件是运行在服务器端的。当 ASP.NET 网页执行时,会检查标注有无 runat 属性,如果标注没有设定,那么 HTML 标注就会被视为字符串,并被送到字符串流等待发送到客户端,客户端的浏览器会对其进行解释;如果 HTML 标注有设定 runat="server" 属性,Page 对象会将该控件放入控制器,服务器端的代码就能对其进行控制,等到控制执行完毕后再将 HTML 服务器控件的执行结果转换成 HTML 标注,然后当成字符串流发送到客户端进行解释。

```
<input id="Button" type="button" value="button" runat="server" />
```

**3. ASP.NET 服务器控件**

ASP.NET 服务器控件是服务器可理解的特殊 ASP.NET 标签,也称 ASP.NET 服务器控件,是 Web Form 编程的基本元素,也是 ASP.NET 所特有的。

创建 ASP.NET 服务器控件的语法是:

```
<asp:control_name id="some_id" runat="server" />
```

它会按照客户端的情况产生一个或者多个 HTML 控件,而不是直接描述 HTML 元素。如:

```
<asp:Button ID="Button2" runat="server" Text="Button"/>
```

那么它和 HTML 服务器控件有什么区别呢?

①ASP.NET 服务器控件提供更加统一的编程接口,如每个 ASP.NET 服务器控件都有 Text 属性。

②隐藏客户端的不同,这样程序员可以把更多的精力放在业务上,而不用去考虑客户端的浏览器是 IE 还是 Firefox,或者是移动设备。

③ASP.NET 服务器控件可以保存状态到 ViewState 里,这样页面在从客户端回传到服务器端或者从服务器端下载到客户端的过程中都可以保存。

④事件处理模型不同,HTML 标注和 HTML 服务器控件的事件处理都是在客户端的页面上,而 ASP.NET 服务器控件则是在服务器上。

⑤类似 HTML 服务器控件,ASP.NET 服务器控件也在服务器上创建,它们同样需

要 runat="server" 属性以使其生效。不过,ASP.NET 服务器控件没有必要映射任何已存在的 HTML 元素,它们代表更复杂的元素。

在下面的例子中,我们在.aspx 文件中的声明了一个 Button 服务器控件,然后为 Click 事件创建了一个事件处理程序,它可修改按钮上的文本:

```
<script runat="server">
Sub submit(Source As Object, e As EventArgs)
button1.Text="You clicked me!"
End Sub
</script>

<html>
<body>

<form runat="server">
<asp:Button id="button1" Text="Click me!" runat="server" OnClick="submit"/>
</form>

</body>
</html>
```

## 4.2　常用服务器控件

ASP.NET 在客户端开发和 Web 开发所用到的控件还是有很大的差别的,而且 Web 开发的界面是在浏览器中显示的,所以控件的设计都和前边学习 HTML 设计有联系,没有客户端开发那么简单,不过我们可以通过专门工具,例如 Dreamweaver 等,来帮助我们开发。

图 4-1 列出了常用服务器控件的分类。

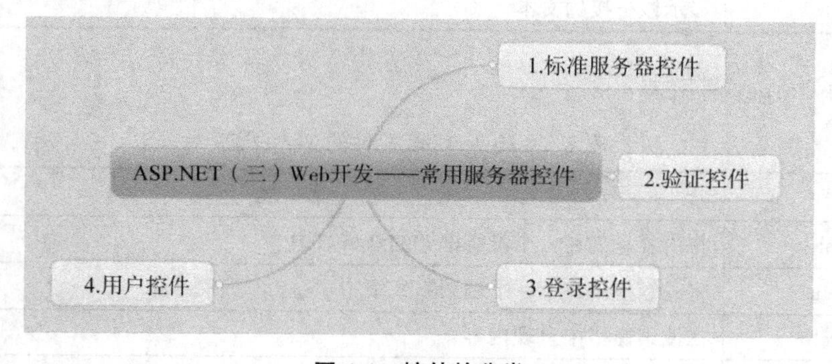


**图 4-1　控件的分类**

### 4.2.1 标准服务器控件

图 4-2 列出了常用的标准服务器控件。对于标准服务器控件,并不需要再做过多的介绍,因为它大部分都和 C/S 窗体设计当中的功能差不多,只不过使用稍微有区别。这里简单介绍其中最典型的两个控件。

图 4-2 标准服务器控件

1. HyperLink 控件

HyperLink 控件在网页上创建链接,使用户可以在应用程序的不同页面之间转换,还可以显示可单击的文本或图像。

HyperLink 控件的常用属性见表 4.1。

表 4.1 HyperLink 控件的常用属性

| 属 性 | 描 述 |
|---|---|
| ImageUrl | 显示此链接的图像的 URL |
| NavigateUrl | 该链接的目标 URL |
| runat | 规定该控件是服务器控件。必须设置为“server” |
| Target | URL 的目标框架 |
| Text | 显示该链接的文本 |

其中的 Target 值见表 4.2。

表 4.2 HyperLink 控件的 Target 值

| 属 性 | 描 述 |
|---|---|
| _blank | 将内容呈现在一个没有框架的新窗口中 |
| _parent | 将内容呈现在上一个框架集父级中 |
| _search | 在搜索窗格中呈现内容 |
| _self | 将内容呈现在含焦点的框架中 |
| _top | 将内容呈现在没有框架的全窗口中 |

2. FileUpLoad 控件

FileUpLoad 控件用于显示一个文本框控件和一个浏览按钮。用户通过 FileUpLoad 控件，可以在客户端选择一个文件并将该文件上传到 Web 服务器上，可以上传图片、文本文件等很多格式的文件。

FileUpLoad 控件的常用属性和方法见表 4.3。

**表 4.3　FileUpLoad 控件的常用属性和方法**

| 属　性 | 说　明 |
| --- | --- |
| Enable | 用于禁用 FileUpLoad |
| FileBytes | 以字节数形式获取上传文件内容 |
| FileContent | 以流(stream)形式获取上传文件内容 |
| FileName | 用于获得上传文件名字(包括扩展名) |
| HasFile | 有上传文件时返回 Ture |
| PosteFile | 用于获取包装成 HttpPostFile 对象的上传文件 |
| 方　法 | 说　明 |
| Focus | 设置 FileUpLoad 控件的焦点 |
| SaveAs | 用于把上传文件保存到文件系统中(绝对路径) |

### 4.2.2　验证控件

验证控件是一个集合，使用验证控件可以验证输入的信息是否符合我们想要的特定的标准。

1. RequiredFieldValidator(必填字段验证)控件

RequiredFieldValidator 控件使用的标准代码如下：

```
<span style="font-size:18px;"><span style="font-family:SimSun;">
<asp:RequiredFieldValidator ID="Validator_Name" runat="Server" ControlToValidate="要检查的控件 ID"
ErrorMessage="出错信息" Display="Static|Dymatic|None">
占位符
</asp:RequiredFieldValidator></span></span>
```

在以上标准代码中：

ControlToValidate：表示要检查的控件 ID。

ErrorMessage：表示当检查不合法时，出现的错误信息。

Display：错误信息的显示方式，其中的值 Static 表示控件的错误信息在页面中占有固定位置，Dymatic 表示控件错误信息出现时才占用页面控件，None 表示错误出现时不显示，但是可以在 ValidatorSummary 中显示。

占位符：表示 Display 为 Static 时，错误信息占有“占位符”那么大的页面空间。

### 2. CompareValidator(比较验证)控件

CompareValidator 控件比较两个控件的输入是否符合程序设定。大家不要把比较仅仅理解为“相等”,尽管相等是用得最多的。其实,这里的比较包括的范围很广。大家看标准代码就会明白。

CompareValidator 控件的标准代码如下:

```
<span style="font-size:18px;">
<span style="font-family:SimSun;">
<asp:CompareValidator ID="Validator_ID" runat="Server" ControlToValidate="要验证的控件ID"
ControlToCompare="要比较的控件 ID"
ErrorMessage="错误信息"
Type="String|Integer|Double|DateTime|Currency" Operator="Equal|NotEqual|GreaterThan|GreaterTanEqual|LessThan|LessThanEqual|DataTypeCheck"
Display="Static|Dymatic|None">
占位符
</asp:CompareValidator>
</span></span>
```

在以上标准代码中:

Type:表示要比较的控件的数据类型。

Operator:表示比较操作。这里,比较有 7 种方式。

其他属性和 RequiredFieldValidator 相同。

在这里,要注意 ControlToValidate 和 ControlToCompare 的区别,如果 Operate 为 GreaterThan,那么,ControlToCompare 代表的控件的值必须大于 ControlToValidate 代表的控件的值才是合法的,这下就应该明白它们两者的意义了。例子程序请参考 RequiredFieldValidator 控件,对照标准代码自己设计。

### 3. RangeValidator(范围验证)控件

RangeValidator 控件验证输入是否在一定范围,范围用 MaximumValue 和 MinimunVlaue 来确定。

RangeValidator 控件的标准代码如下:

```
<span style="font-size:18px;">
<span style="font-family:SimSun;">
<asp:RangeValidator ID="Vaidator_ID" runat="Server" ControlToValidate="要验证的控件ID"
Type="String|Integer|Double|DateTime|Currency"
MinimumValue="最小值" MaximumValue="最大值"
ErrorMessage="错误信息" Display="Static|Dymatic|None">
占位符
</asp:RangeValidator></span></span>
```

在以上代码中,用 MinimumValue 和 MaximumValue 来界定控件输入值的范围,用

Type 来定义控件输入值的类型。

4. RegularExpressionValidator(正则表达式)控件

RegularExpressionValidator 控件的功能非常强大,你可以自己构造验证方式。我们先来看看标准代码:

```
<span style="font-size:18px;"><span style="font-family:SimSun;">
<asp:RegularExpressionValidator ID="Validator_ID" runat="Server" ControlToValidate="要验证的控件 ID"
ValidationExpression="正则表达式"
ErrorMessage="错误信息" Display="Static|Dymatic|None">
占位符
</asp:RegularExpressionValidator></span></span>
```

在以上标准代码中,ValidationExpression 是重点,表示需要匹配的正则表达式。

在 ASP.NET,中我们可以设置属性来直接生成一些格式的正则表达式,非常方便,如图 4-3 所示。

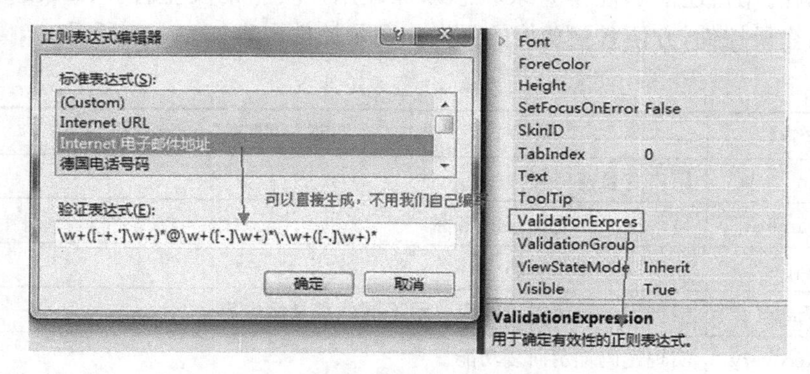


图 4-3　直接生成格式的正则表达式

5. CustomValidator(自定义验证)控件

CustomValidator 控件用自定义的函数界定验证方式,其标准代码如下:

```
<span style="font-size:18px;">
<span style="font-family:SimSun;">
<asp:CustomValidator ID="Validator_ID" runat="Server" ControlToValidate="要验证的控件 ID"
OnServerValidate="服务器端验证函数"
ClientValitationFunction="客户端验证函数" ErrorMessage="错误信息"
Display="Static|Dymatic|None"></asp:CustomValidator>
占位符
</asp:CustomValidator></span></span>
```

以上代码中,用户必须定义一个函数来验证输入。

6. ValidationSummary(验证总结)控件

ValidationSummary 控件不对 Web 窗体中输入的数据进行验证,而是收集本页的所有验证错误信息，并可以将它们组织以后再显示出来。其标准代码如下：

```
<span style="font-size:18px;">
<span style="font-family:SimSun;">
<asp:ValidationSummary ID="Validator_ID"
runat="Server" HeaderText="头信息" ShowSummary="True|False"
DiaplayMode="List|BulletList|SingleParagraph"/></span></span>
```

在以上标准代码中，HeadText 相当于表的 HeadText，DisplayMode 表示错误信息的显示方式，List 相当于 HTML 中的<br>，BulletList 相当于 HTML 中的<li>，SingleParegraph 表示错误信息之间不做分割。

### 4.2.3 登录控件

对于目前常用的网站系统而言，登录功能是必不可少的，例如论坛、电子邮箱、在线购物等。登录功能能够让网站准确验证用户的身份。用户能够访问该网站时，可以注册并登录，登录后的用户还能够注销登录状态以保证用户资料的安全性。ASP.NET 就提供了一系列的登录控件，方便登录功能的开发。登录控件内容如表 4.4 所示。

表 4.4 登录控件

| 控件名 | 说 明 |
|---|---|
| Login | 用户登录窗口 |
| LoginName | 显示用户当前登录的名称 |
| LoginStatus | 显示用户登录状态 |
| LoginView | 根据用户角色的不同而显示不同的登录后内容 |
| PasswordRecovery | 实现密码提示回复功能 |
| CreateUserWizard | 引导用户进行注册 |
| ChangePassword | 用户密码更改 |

Login 控件如图 4-4 所示。

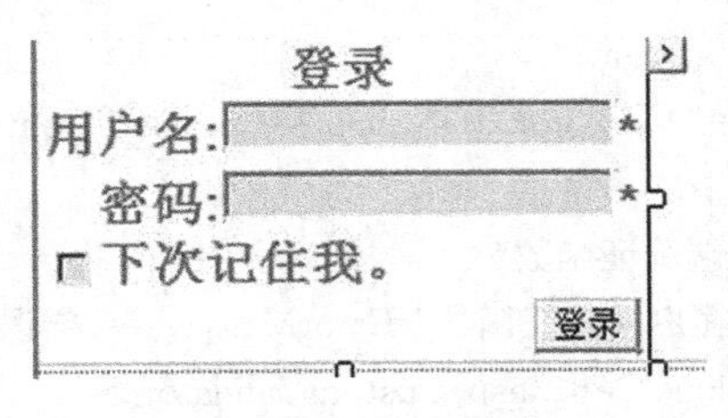


图 4-4 Login 控件

Login 控件常用属性如表 4.5 所示。

表 4.5　Login 控件属性

| 属　性 | 说　明 |
| --- | --- |
| CreateUserIconUrl | 创建用户链接的图标 URL |
| CreateUserText | 为“创建用户”链接显示文本 |
| CreateUserUrl | 创建用户页的 URL |
| DestinationPageUrl | 用户成功登录时被定向到的 URL |
| FailureAction | 当登录尝试失败时采取的操作 |
| FailureText | 获取或设置当登录尝试失败时显示的文本 |
| HelpPageText | 帮助页的文本 |
| HelpPageUrl | 帮助页的 URL |
| LoginButtonText | 为“登录”按钮显示文本 |
| LoginButtonType | “登录”按钮的类型 |
| MembershipProvider | 成员资格提供程序的名称 |
| PasswordLaberText | 标识密码文本框的文本 |
| PasswordRecoveryText | 为密码回复链接显示的文本 |
| PasswordRecoveryUrl | 密码恢复页的 URL |
| PasswordRequiredErrorMessage | 密码为空时在验证摘要中显示的文本 |
| RememberMeText | 为“记住我”复选框显示的文本 |
| TitleText | 为标题显示文本 |
| UserName | 用户名文本框的初始值 |

其他的几个登录控件和 Login 控件很相似，都是为了实现有关登录的功能，ASP.NET 提前为大家设计好的，我们直接使用即可。

### 4.2.4　用户控件

用户控件是一种复合控件，其工作原理类似于 ASP.NET 中的网页，可以向用户控件中添加现有的 Web 服务器控件和标记，并定义控件的属性和方法。

和客户端开发中的用户控件功能一样，可以根据我们自己的意愿去利用现有的控件设计满足我们需求的控件。第 5 章将详细介绍用户控件。

## 作　业

1.ASP.NET 中共有几种类型的控件？各有什么区别？

2.ASP.NET 中的各个控件分别有什么样的作用？试分析它们之间的优劣。

# 第 5 章　母版页与用户控件

**学习目标**

- 了解什么是母版页
- 掌握母版页的创建和使用
- 了解什么是用户控件
- 掌握用户控件的创建和使用

## 5.1　母版页简介

### 5.1.1　母版页的概念与特点

使用 ASP.NET 母版页可以为应用程序中的页创建一致的布局。单个母版页可以为应用程序中的所有页(或一组页)定义所需的外观和标准行为,然后可以创建包含要显示的内容的各个内容页。当用户请求内容页时,这些内容页与母版页合并以将母版页的布局与内容页的内容组合在一起输出。

母版页为具有扩展名.master(如 MySite.master)的 ASP.NET 文件,它具有可以包括静态文本、HTML 元素和服务器控件的预定义布局。母版页由特殊的 @ Master 指令识别,该指令替换了用于普通.aspx 页的 @ Page 指令。该指令类看起来类似下面这样:

```
<%@ Master Language="C#" %>
```

除会在所有页上显示的静态文本和控件外,母版页还包括一个或多个 ContentPlace-Holder 控件。这些占位符控件定义可替换内容出现的区域,接着在内容页中定义可替换内容。内容页通过创建各个内容页来定义母版页的占位符控件的内容,这些内容页为绑定到特定母版页的 ASP.NET 页(.aspx 文件以及可选的代码隐藏文件)。通过包含指向要使用的母版页的 MasterPageFile 属性,在内容页的 @ Page 指令中建立绑定。例如,一个内容页可能包含下面的@ Page 指令,该指令将该内容页绑定到 Master1.master 页:

```
<%@PageLanguage="C#"MasterPageFile="~/MasterPages/Master1.master" Title="Content Page"%>
```

母版页提供了开发人员已通过传统方式创建的功能,这些传统方式包括重复复制现有代码、文本和控件元素,使用框架集,对通用元素使用包含文件,使用 ASP.NET 用户控件,等等。母版页具有下面的优点:

①使用母版页可以集中处理页的通用功能,以便可以只在一个位置上进行更新。

②使用母版页可以方便地创建一组控件和代码,并将结果应用于一组页。例如,可以

在母版页上使用控件来创建一个应用于所有页的菜单。

③通过允许控制占位符控件的呈现方式，母版页使您可以在细节上控制最终页的布局。

④母版页提供一个对象模型，使用该对象模型可以从各个内容页自定义母版页。

## 5.1.2 母版页的创建

先以一个简单的母版页例子来介绍母版页的基本结构和用法。添加一个母版页，可以按照以下的步骤进行。

(1)右键单击“解决方案资源管理器”项目名称，在弹出的菜单中选择“Add New Item”，弹出“Add New Item”对话框。

(2)在“Add New Item”对话框中选择“Master Page”选项，给该母版页一个合适的名称，一定要以“.master”为后缀名，选择“Visual C#”为该母版页的语言，如图5-1所示。

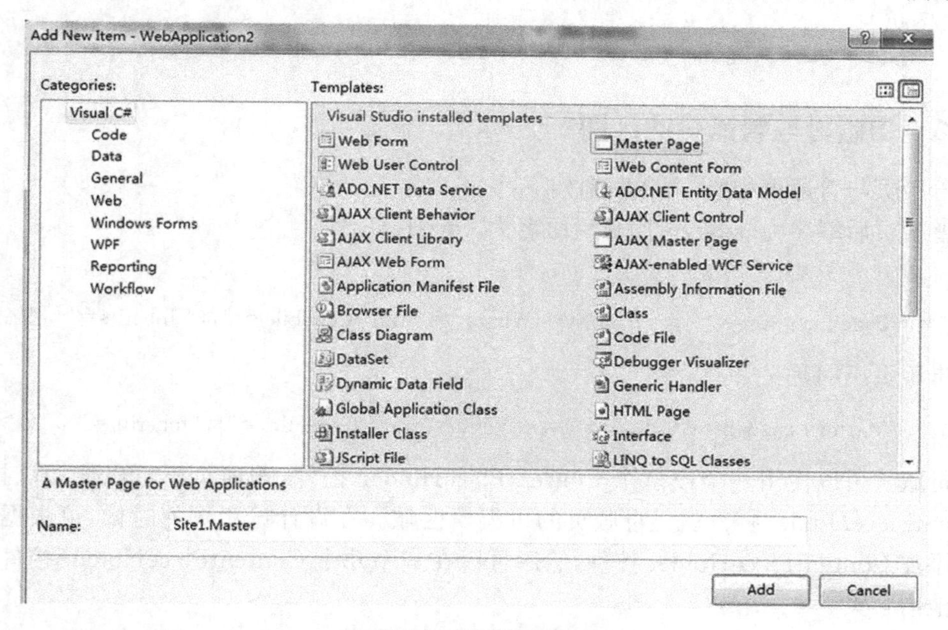


图5-1　新建母版页

(3)单击“Add”按钮，新建母版页成功，然后对所添加的母版页进行设计。新建的母版页生成的设计代码如下所示：

```
<%@Master Language="C#" AutoEventwireup="true" CodeFile="MasterPage.master.cs" Inherits="master_MasterPage" %>

<!DOCTYPE html PUBLIC "-//W3C//DTD XHTML 1.0 Transitionl//EN "
"http://www.w3.org/TR/xhtml1/DTD/xhtml1-transitional.dtd">

<html xmlns="http://www.w3.org/1999/xhtml">
<head runat="server">
```

```
    <title></title>
  <!-可编辑区域-->
  <asp:ContentPlaceHolder id="head" runat="server">
  </asp:ContentPlaceHolder>
  </head>
  <body>
  <form id="form1" runat="server">
  <div>
    <!-可编辑区域-->
    <asp:ContentPlaceHolder id="ContentPlaceHolder1" runat="server">
  </asp:ContentPlaceHolder>
  </div>
  </form>
  </body>
  </html>
```

### 5.1.3 母版页与普通页的区别

母版页与普通页相似，两者区别如下：

普通页后缀名为.aspx，母版页后缀名为“.master”。

普通页声明是：

```
<%@Page Language="C#" AutoEventWireup ="trun" CodeFile ="..." Inherits="..."%>
```

母版页声明是：

```
<%@Master Language="C#"AutoEventWireu="trun" CodeFile ="..."Inherits="..."%>
```

母版页可以使用一个或多个 ContentPlaceHolder 控件，普通页不可以使用该控件。ContentPlaceHolder 控件就是母版页的可编辑区域。在设计母版页的时候，可根据实际需要添加 ContentPlaceHolder 控件，然后可以在其中几个 ContentPlaceHolder 控件中嵌套其他内容页。

## 5.2 母版页的使用

创建好一个母版页后，接下来的问题就是怎么使用它。使用母版页时，注意内容页和框架页的区别。母版页可以说是页面的框架，还需要有内容页实现页面内容，每一个内容页中都包含了名称为 Content 的标记，该标记中的内容最终会替换母版页对应的 ContentPlaceHolder 标记。它们合并的过程如图 5-2 所示。

### 5.2.1 在内容页中使用模板页

(1)在新建 Web 窗体时，应用已创建的母版页。

新建 Web 窗体，选中“Master Page”，如图 5-3 所示。

单击“Add”按钮，弹出“选择母版页”对话框，如图 5-4 所示。

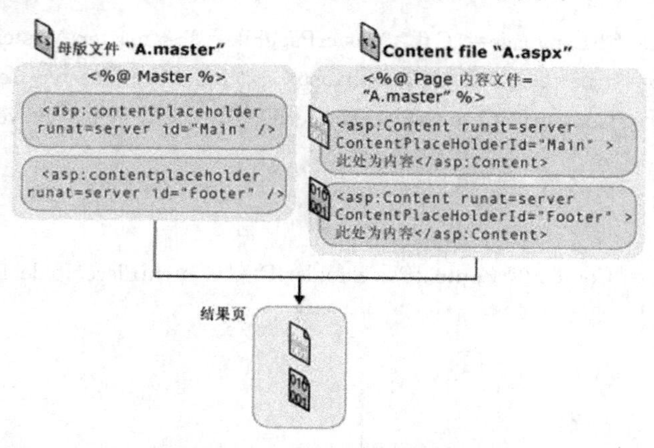


图 5-2　内容页和母版页合并

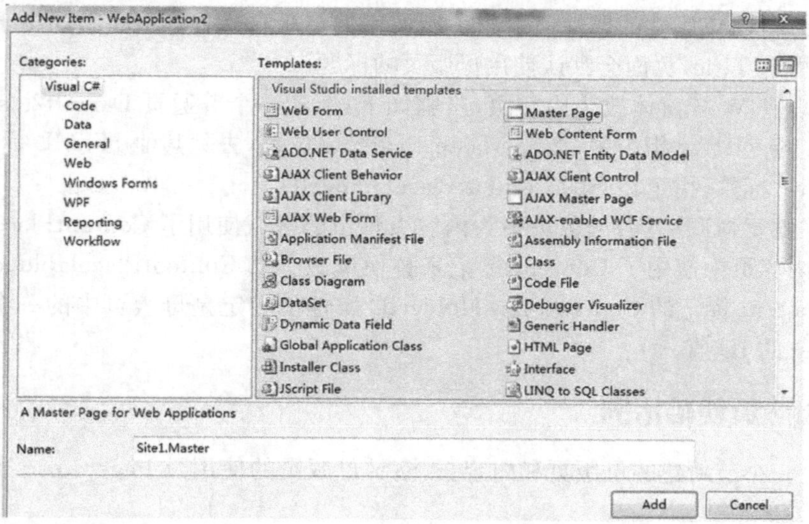

Add New Item - WebApplication2

Categories: Visual C#, Code, Data, General, Web, Windows Forms, WPF, Reporting, Workflow

Templates: Visual Studio installed templates

Web Form, Master Page, Web User Control, Web Content Form, ADO.NET Data Service, ADO.NET Entity Data Model, AJAX Client Behavior, AJAX Client Control, AJAX Client Library, AJAX Master Page, AJAX Web Form, AJAX-enabled WCF Service, Application Manifest File, Assembly Information File, Browser File, Class, Class Diagram, Code File, DataSet, Debugger Visualizer, Dynamic Data Field, Generic Handler, Global Application Class, HTML Page, Installer Class, Interface, JScript File, LINQ to SQL Classes

A Master Page for Web Applications

Name: Site1.Master

Add　Cancel

图 5-3　新建 Web 窗体时应用母版页

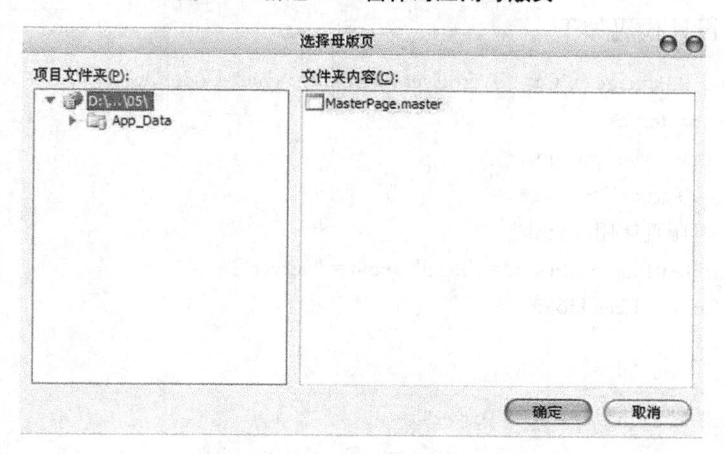


图 5-4　“选择母版页”对话框

再单击“确定”按钮后，查看目录，新建内容页成功。内容页生成代码如下所示：

```
<%@ Page Title="" Language="C#" MasterPageFile="~/master/MasterPage.master"
AutoEventWireup="true" CodeFile="Default.aspx.cs" Inherits="master_Defaule" %>
<asp:Content ID="Content1" ContentPlaceHolderID="head" Runat="Server">

</asp:Content>

<asp:Content ID="Content2" ContentPlaceHolderID="ContentPlaceHolder1"

Runat="Server">

</asp:Content>
```

可以看到，使用了母版页的 Web 窗体页代码中，只是在@page 指令里多了一个 MasterPageFile 属性，该属性的属性值表明了所使用的母版页文件，Title 属性用于指定页面的标题，不指定 Title，页面会默认使用母版页的标题。

(2)将现有 Web 窗体改为内容页，步骤如下：新建一个普通页 Default2.aspx，在 Default2.aspx 的 @Page 指令中，指定 MasterPageFile 位置，去除其他 HTML 标签，创建<asp:content>标签，指定相应的 ContentPlaceHolderID。

在此需要要强调一点：母版页中为内容页预留的区域使用了 ContentPlaceHolder 标记来占位，内容页中使用了 Content 标记来替换母版页的 ContentPlaceHolder 标记的区域，并且 Content 标记的 ContentPlaceHolderID 属性值一定是母版页中的一个 ContentPlaceHolder 的 ID 值。

### 5.2.2 母版页使用示例

通过上一小节新建的母版页和内容页，演示母版页的使用及 Page_Load 事件的调用顺序。

设计母版页，在母版页中添加两个 HyperLink 控件，分别用于导航到 Default.aspx 和 Default2.aspx，设计代码如下：

```
<%@ Master Language="C#" AutoEventWireup="true" CodeFile=
"MasterPage.master.cs"
Inherits="master_MasterPage" %>
<head runat="server">
    <title>母版页使用</title>
    <asp:ContentPlaceHolder id="head" runat="server">
    </asp:ContentPlaceHolder>
</head>
<body>
    <form id="form1" runat="server">
        <div>
```

```
        <asp:HyperLink ID="HyperLink1" NavigateUrl="~/master/
Default.aspx" runat="server">Default.aspx</asp:HyperLink><br/>
        <asp:HyperLink ID="HyperLink2" NavigateUrl="~/master/
Default.aspx" runat="server">Default2.aspx</asp:HyperLink>
        <asp:ContentPlaceHolder                id="ContentPlaceHolder1"
runat="server">
        </asp:ContentPlaceHolder>
        </div>
    </form>
</body>
</html>
```

在母版页的 Page_Load 事件中添加如下代码：

```
protected void Page_Load(object sender, EventArgs e)
{
    if(!IsPostBack)
    {
        Response.Write("第一次加载母版页");
    }
    else
    {
        Response.Write("回传母版页");
    }
}
```

设计 Dafault.aspx 页面，在<asp:content>标签添加如下代码：

```
<asp:ContentID="Content2" ContentPlaceHolderID="
    ContentPlaceHolder1" Runat="Server">
  <h1>这是 Default.aspx</h1>
  </asp:Content>
```

在 Default.aspx 的 Page_Load 事件中添加如下代码：

```
protected void Page_Load(object sender, EventArgs e)
{
    Response.Write("加载 Default.aspx<br /><br />");
}
```

设计 Default2.aspx 页面，<asp:content>标签添加如下代码：

```
protected void Page_Load(object sender, EventArgs e)
{
    Response.Write("加载 Default2.aspx<br /><br />");
}
```

浏览 Default.aspx，如图 5-5 所示。

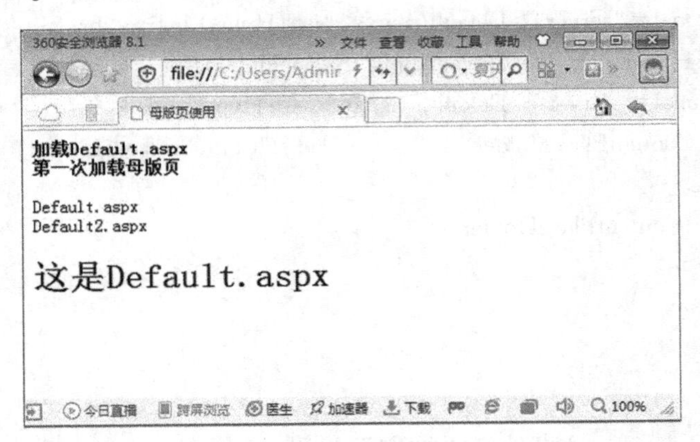


图 5-5　Default.aspx

浏览到“Default2.aspx”，如图 5-6 所示。

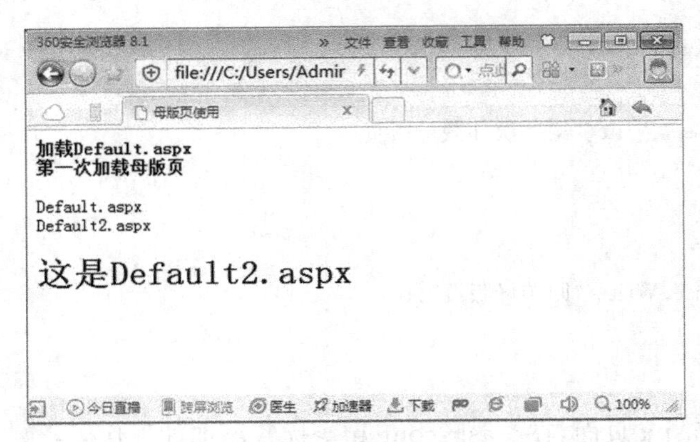


图 5-6　Default2.aspx

由图 5-5 和图 5-6 我们可以看出，母版页可用来布局和设计站点的公共部分。在浏览一个使用母版页的内容页时，首先调用内容页的 Page_Load 事件，再调用母版页的 Page_Load 事件，响应完母版页的内容后，再响应该页的内容。

内容页有生命周期，母版页同样也有生命周期。

### 5.2.3　内容页和母版页的交互

可以在内容页中得到母版页的控件。在内容页操作母版页的控件，可以实现母版页和内容页交互的目的。

下面我们通过程序来演示内容页与母版页的交互。

新建一个母版页，包含了一个 Button 控件和一个 Label 控件，主要代码如下：

```
<form id="form1" runat="server" >
<div>
    <asp:Button ID="btnMaster" runat="server" Text=
"母版页中的 Button"> onclick="btnMaster_Click" />
```

```
<br />
    <asp:Label ID="Label1" runat="server" Text="没有单击任何按钮"
  </asp:Label>
<br />
    <asp:ContentPlaceHolder id="ContentPlaceHolder1"
        runat="server">

    </asp:ContentPlaceHolder>
</div>
</form>
```

为母版页中的按钮添加 Click 事件，代码如下：

```
protected void btnMaster_Click(object sender, EventArgs e)
{
    this.Label1.Text="您单击的母版页中 Button";
}
```

使用母版页新建一个 Web 窗体，新建窗体中包含一个 Button 控件，主要代码如下：

```
<asp:ContentID="Content2" ContentPlaceHolderID=
"ContentPlaceHolder1"
Runat="Server">
<asp:Button ID="btnDefault" runat="server" Text="内容页中的 Button"
onclick="btnDefault_Click" />
</asp:Content>
```

为按钮添加 Click 事件，代码如下：

```
protected void btnDefault_Click(object sender, EventArgs e)
{
    //得到母版页中的 Label 控件
Label lbl=(Label)this.Master.FindControl("Label1");
    //设置文本
Lb1.Text="您单击了内容页的 Button";
}
```

有时需要在内容页访问母版页的方法或属性等，那么我们可以通过下面的代码来实现：

```
public partial class Sitel : System.Web.UI.MasterPage
{
protected void Page_Load(object sender, EventArgs e)
{

}
```

```
}
//在母版页中定义的方法
public void DisplayMessage(string message)
{
        This.ltrMessage.Text = message;

}
//内容页中的代码
public partial class CallMasterMethod : System.Web.UI.Page
{
protected void Page_Load(object sender, EventArgs e)
{
        //调用母版页中方法
        Sitel masterPage = this.Master as Sitel;
        masterPage.DisplayMessage("在内容页是可以调用母版页中的方法的…");
}
}
```

### 5.2.4 动态切换母版页

内容页可以动态地继承母版页，但只有在 Page_PreInit 事件中或之前设置有效。实现切换母版页，代码如下：

```
protected void Page_PreInit(object sender, EventArgs e)
{
    //下面通过 URL 传递需要加载的母版页名称
    if(Request.QueryString["masterPageFile"] !=null)
    {
        this.MasterPageFile =Request.QueryString["masterPageFile"];
    }
    //也可以通过下面的方式进行切换
    if(Session["masterPageFile"] !=null)
    {
        this.MasterPageFile = session["masterPageFile"].ToString();
    }
}
```

### 5.2.5 母版页嵌套

内容页可以嵌套母版页，母版页也可以嵌套母版页。在添加母版页时，在新建项对话框中选择“嵌套的母版页”。

嵌套的母版页在页面的 Master 指令中添加了 MasterPageFile="/Sitel.Master"属性。像内容页一样，在嵌套的母版页中访问母版页时同样要使用 Master 属性。因为嵌套的母版页既嵌套了母版页，又被内容页嵌套，所以在嵌套的母版页中既包含 ContentPlaceHolder 标记，又包含了 Content 标记。

### 5.2.6 常见问题

母版页是 ASP.NET 2.0 新增的一个网络个性配置，主要是为了统一网站的界面，使用母版页常遇到的问题如下：

(1)访问内容时，发现在母版页中使用的图片无法显示，图片使用的是相对路径。这是因为母版页和内容页不在同一个目录下，造成路径问题。我们在编写母版页时，所有的图片路径都是相对于母版页而言的。但是最终母版页和内容页进行合并，是按内容页的路径来计算图片路径的，所以一旦母版页和内容页不在同一个目录就会出现这样的问题。解决的办法就是凡是使用了相对路径的地方，就用 Page.ResolveUrl 来处理路径问题。示例代码如下：

```
<img alt="logo" src='<%=Page.ResolveUrl("~/images/logo.jpg") %>'/>
```

(2)母版页虽然可以相互嵌套，但不能存在循环嵌套的情况中。比如：母版页 A 嵌套了母版页 B，而母版页 B 又嵌套了 A，此时就会出现异常。

## 5.3 用户控件

ASP.NET 提供了丰富的控件，但是在实际开发项目中。我们仍然可能觉得这些控件不够用或者不好用。这时，我们就可以自己动手编写控件，这种控件称为用户控件。

用户控件使用户能够根据应用程序的需要，方便地定义控件。用户控件所使用的编程技术与编写 Web 窗体页的技术相同，甚至只需要稍作修改，即可将 Web 窗体页转换为 Web 用户控件。为了确保用户控件不能作为独立的 Web 窗体页来运行，用户控件一律使用文件扩展名.ascx 来进行标识。

### 5.3.1 用户控件简介

用户控件是一种复合控件，我们可以向用户控件添加现有的 Web 服务器控件和标记，并定义控件的属性和方法，然后可以将控件嵌入 ASP.NET 网页中充当一个单元。用户控件派生自 System.Web.UI.UserControl。

ASP.NET 的用户控件与完整的 ASP.NET 网页(.aspx 文件)相似，同时具有用户界面页和代码。可以采取与创建 ASP.NET 页相似的方式创建用户控件，然后向其中添加所需的标记和子控件。用户控件可以像页面一样包含对其内容进行操作(包括执行数据绑定等任务)的代码。用户控件与 ASP.NET 页面的区别见表 5.1。

表 5.1 用户控件与 ASP.NET 页面的区别

| 比较项 | 用户控件 | ASP.NET 页面 |
|---|---|---|
| 文件后缀 | .ascx | .aspx |
| 指令 | @Control | @Page |
| 派生自 | System.Web.UI.UserControl | System.Web.UI.Page |
| 标签 | 不能包含＜html＞＜head＞＜body＞标签 | 可包含所有 HTML 标签 |
| 访问 | 不能直接访问,必须包含在页面中,间接被访问 | 可以直接访问 |

总的来说,用户控件既可以像页面那样简单地去编辑,又可以像控件那样方便地去使用。

用户控件不能作为独立文件运行,而必须像处理任何控件一样,将它们添加到 ASP.NET 页中。用户控件和.aspx 页面一样,可以定义类、使用方法、属性和事件,编程技术和普通页面编程没什么区别。调用用户控件像其他 ASP.NET 控件一样拖曳到.aspx 页面的相应位置即可。Visual Studio 2010 将自动在.aspx 页面上插入一条引用的指令:

```
<%@ Register Src="WebUC.ascx" TagName="WebUC" TagPrefix="uc1" %>
```

这行语句的作用是注册用户控件 WebUC,即通知 ASP.NET 在碰到标记＜ucl:WebUC＞的时候将用户控件 WebUC 插入到此处。

在上面这条注册语句中,需要定义 Src、TagName 和 TagPrefix 三个属性,在后面会讲解这三个属性的含义。

### 5.3.2 创建用户控件

在 Web 项目中如果某个可见对象在站点中不止一个页面需要使用,我们可以考虑把这个可见对象封装成用户控件。下面我们要编写一个可重用的用户登录软件,包含用户名、密码、登录按钮等。创建用户控件与 Web 页面类似。打开“Add Item”对话框,选择“Web User Control”,如图 5-7 所示。

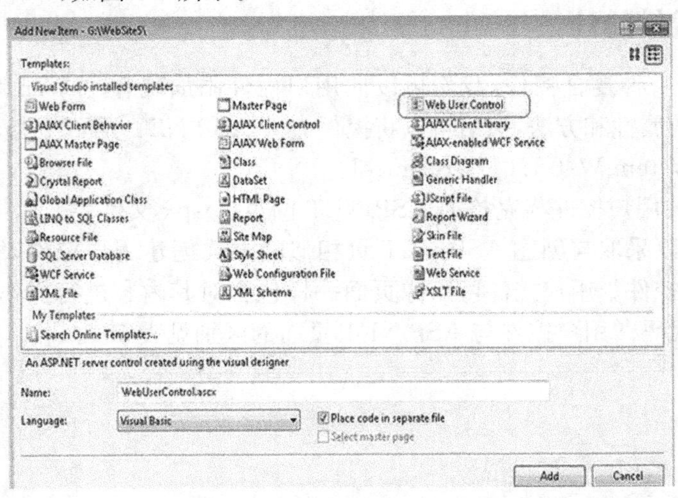


图 5-7 新建用户控件

查看生成的.ascx 文件，只有一行代码：

```
<%@ Control Language="C#" AutoEventwireup="true"
    CodeFile="WebUserControl.ascx.cs" Inherits="WebUserControl" %>
```

这行指令代码与页面的@Page 指令非常相似，指令里面的参数含义也相同，唯一不同的是，这里是@Control 指令。

此外，用户控件也生成了它自己的.cs 文件：

```
public partial class WebUserControl : System.Web.UI.UserControl
{
protected void Page_Load(object sender, EventArgs e)
{

}
}
```

新建用户控件后，我们可以像设计页面一样，添加控件，如图 5-8 所示，设计一个用于登录的用户控件。

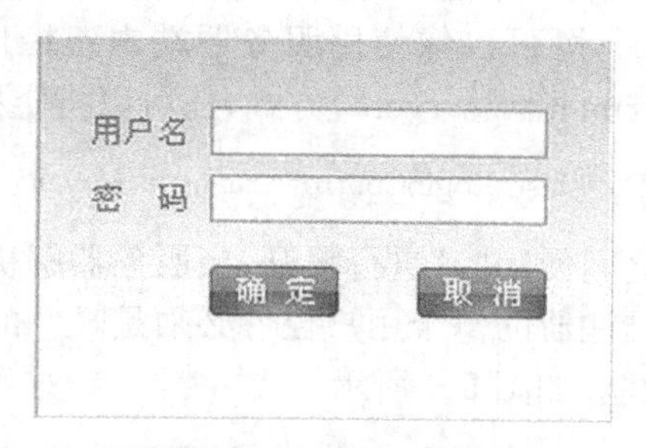


图 5-8　用户控件设计视图

### 5.3.3　用户控件的使用

在 ASP.NET 中，若需要使用用户控件，需要先注册，然后才能使用。在一个页面中使用用户控件代码如下所示：

```
<%@ Page Language="C#" AutoEventWireup="true" CodeFile=
"Default.aspx.cs" Inherits="_Default" %>
<%@ Register Src="~/uc/WebUserControl.ascx" TagName=
"UserLoginControl" TagPerfix="ucl" %>
<!DOCTYPE html PUBLIC "~//W3C//DTD XHTML 1.0 Transitional//EN"
"http://www.w3.org/TR/xhtml1/DTD/xhtml1-transitional.dtd">

    <html xmlns="http://www.w3.org/1999/xhtml">
<head runat="server">
    <title>使用用户控件</title>
</head>
```

```
<body>
    <form id="form1" runat="server">
  <div>
      <uc1:UserLoginControl ID="UserLoginControl" runat="server"/>
    </div>
  </form>
</body>
</html>
```

其中 Register 指令用于注册用户控件，其中参数的含义如下：

• Src：指向控件文件的位置，一般为虚拟路径加上控件文件名，不能使用物理路径。

• TagName：定义控件的名称，在同一个命名控件里的控件名是唯一的。控件名一般都是表明控件的功能。

• TagPrefix：定义控件的命名空间，和类的命名空间一样，为了防止不同作用的同名用户控件在一起引起冲突。当然，在实际使用中诸如"uc1"或者"uc2"这样的名称是不应该使用的，而应该定义为该组织的域名或者组织机构等不容易混淆的名称。

用户控件注册后，就可以像其他服务器端控件一样使用。通过定义目标前缀(TagPrefix)和目标名(TagName)，既可以像使用服务器端内建控件一样地进行使用了，同时也确定了使用服务端运行(runat="server")方式，还可以指定控件 ID。代码如下所示：

```
<uc1:UserLoginControl ID="UserLoginControl" ruant="server" />
```

命名空间和控件名称之间使用"；"进行隔开，当服务器解析时把它与指定的用户控件关联在一起。这个组合对已注册的每个用户控件必须是唯一的。

浏览页面，测试登录功能，如图 5-9 所示。

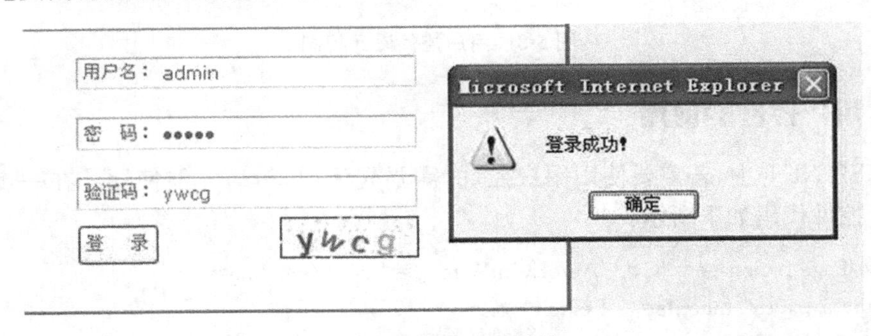


图 5-9　测试登录功能

## 5.3.4　访问用户控件内的控件

使用前面创建的用户控件及页面。在页面中添加一个按钮，用于启用或禁用用户控件中的登录按钮，在页面上添加一个按钮，按钮的 Click 事件代码如下所示：

```
protected void btnEnabled_Click(object sender, EventArgs e)
{
    //得到用户控件中包含的登录按钮
```

```
    Sutton btn =(Button)this. UserLoginControl. findControl("btnok");
    if(btn. Enabled)
    {
        btn. Enabled = false;
        this. btnEnabled. Text = "启用登录";
    }
    else
    {    btn. Enabled = true;
        this. btnEnabled. Text = "禁用登录";
    }
}
```

### 5.3.5 用户控件使用实例

使用用户控件模拟显示网上商店中计算机专区的信息显示。

新建数据库，新建一张 ComputerInfo 表，包含计算机的型号、描述、图片路径和价格，插入测试数据。

在 Web 站点中新建一个类 ComPuter，包含字段如下所示：

```
private string type;//型号
private string description;//描述
private string imagePath;//图片路径
private float price;//价格
```

新建一个用户控件"UCComputer"，编写用户控件后台代码，如下所示：

```
public partial class UCComputer : System. Web. UI. UserControl
{
private Computer computer;//字段
public Computer Computer //封装一个属性
{
    Get{return computer;}
    Set{computer = value;}
}
protected void Page_Load(object sender, EventArgs e)
{
    //在用户控件加载时，显示电脑的相关信息
    This. img. ImageUrl = computer. ImagePath;
    This. lblDes. Text = computer. Description;
    This. lblprice. Text = Computer. Price + "元";
    This.
}
}
```

新建一个 Web 页面,页面包含一个 Panel 控件,在页面的 Page_Load 事件中,查询数据库所有计算机信息,用集合来存储。遍历这个集合,向 Panel 中动态添加用户控件显示电脑信息。

```
protected void Page_Load(object sender, EventArgs e)
{
if(!isPostBack)
{
    //查询数据库并返回 computers 集合,代码省略…
    foreach(Computer computer in computers)
{
        //加载控件
        UCComputer uc= (UCComputer)this.Panel1.TemplateControl.
        LoadControl("~/example/UCComputer.ascx");
        this.Panel1.Controls.Add(uc);//添加控件
        uc.computer = computer;//设计控件属性
    }
    }
}
```

## 5.3.6 如何将 Web 窗体页转换为用户控件

如果用户已经开发了 Web 窗体页,并决定在整个应用程序中访问其功能,那么可以对该文件进行一些小改动,将其改成用户控件。Web 用户控件与 Web 窗体页非常相似,它们是使用相同的技术创建的。当将 Web 窗体页转换成 Web 用户控件时,创建一个可再次使用的 UI 组件,用户将可以在其他 Web 窗体页上使用该组件。

1. 将单个文件的 ASP.NET 网页转换为用户控件

• 重命名控件使其文件扩展名为".ascx"。

• 从该页面中移除 html、body 和 form 元素。

• 将@Page 指令改为@Control 指令,除 Language、AutoEventWireup(如果存在)、CodeFile 和 Inherits 之外的所有属性删除。

• 在@Control 指令中包含 ClassName 属性。这允许将用户控件添加到页面时对其进行强类型化。

2. 将代码隐藏的 ASP.NET 网页转换为用户控件

• 重命名".aspx"文件,使其文件扩展为".ascx"。

• 根据代码隐藏文件使用的编程语言,重命名代码隐藏文件,使其文件扩展名为".ascx.vb"或".ascx.cs"。

• 打开代码隐藏文件,并将该文件继承的类从 Page 更改为 UserControl。

• 从该页面中移除 html、body 和 form 元素。

• 将@Page 指令更改为@Control 指令。

• 将@Control 指令中除 Language、AtouEventWireup(如果存在)、CodeFile 和 Inherits 之外的所有属性删除。

• 在@Control 指令中，将 CodeFile 属性更改为指向重命名的代码隐藏文件。

# 作　业

1. 设计一个母版页和两个内容页，在母版页里包含两个 HyperLink，分别导航到两个内容页。

2. 创建一个用户控件，包含一个图片框和两个按钮："放大""缩小"。单击"放大"按钮，图片框的宽和高都放大 10，单击"缩小"按钮则宽和高都缩小 10。新建一个页面测试用户控件。

3. 新建一个页面，页面包含一个 Panel 控件，在 Page_Load 事件中，循环为 Panel 添加作业 1 创建的用户控件，并将图片路径作为属性传递到用户控件。

# 第 6 章　数据验证

**学习目标**

- 了解传统的客户端数据验证
- 掌握使用服务器端数据验证
- 掌握验证控件
- 掌握验证控件的服务器端验证

## 6.1　数据验证概述

为了加强应用程序的安全性，应对用户输入部分提供验证功能。通常输入验证功能是由客户端自行编写的客户端脚本，这种实现方法既烦琐又容易出现错误。随着技术的发展，ASP.NET 技术通过提供一系列验证控件便可克服这些缺点。验证控件简化了对用户输入内容进行验证的工作，它们能自动为上层浏览器生成客户端脚本，以便在进行回传前，在用户的计算机上进行验证，从而实现了交互性和对用户友好性更加良好的页面。

### 6.1.1　传统的客户端数据验证

当单击“登录”按钮时验证文本框是否为空，代码如下所示：

```
<script type="text/javascript">
function isEmpty()
{
    var username=document.getElementById("<%= txtUsername.ClientID %>")
    .value;
    if(username=="")
    {
        alert("用户名不能为空:");
        return false;
    }
    if (password=="")
    {
        alert("密码不能为空");
        return false;
    }
    return ture;
```

```
}
</script>
```

### 6.1.2　使用服务器端数据验证

单击“登录”按钮时使用服务器端验证文本框是否为空，Default.aspx.cs 代码如下所示：

```
protected void Button1_Click(object sender, EvenArgs e)
{
    string username=this.txtPassword.Text.Trim();
    string password=this.txtPassword.Text.Trim();
    if (string.IsNullOrEmpty(username))
    {
        ClientScript.RegisterStartupScript(typeof(string).""，
        "alert('用户名不能为空!')ture");
        return;
    }
    if(string.IsNullOrEmpty(password))
    {
        ClientScript.RegistertupScript(typeof(string),""
        ,"alert('用户名不能为空!')ture");
        return;
    }
}
```

## 6.2　验证控件

### 6.2.1　验证控件概述

ASP.NET 提供了实现不同的验证功能的验证控件，工具箱中的验证控件如图 6-1 所示。

表 6.1 列举了不同的验证控件及其说明。

图 6-1　验证控件

表 6.1 验证控件及其说明

| 验证控件 | 说 明 |
|---|---|
| RequireFieldValidator | 用于确保用户填写了必需输入的那些内容 |
| RangeValidator | 用于检查用户输入的内容在有效取值范围之内。这对于数字或日期类型的输入内容十分有用 |
| CompareValidator | 用于对比一个空间中的输入内容与另一个空间中的输入内容 |
| RegularExpressionValidator | 能够检查用户输入的内容是否符合作为标准的规范表达式(或字符串模式)。该控件用于检查项与正则表达式定义的模式是否匹配。这种验证类型允许检查可预知的字符序列,如身份证号码、电子邮件地址、电话号码等中的字符序列 |
| CustomValidator | 允许你提供自定义的服务器端和客户机端验证逻辑 |
| ValidationSummary | 能够提供由验证控件生成的所有报错信息的概要。该控件的目的是将来自页上所有验证控件的报错信息,一起显示在一个位置。例如:一个消息框或一个报错信息列表。ValidationSummary 控件不执行验证,但是它可以和所有验证控件一起使用。更准确地说,ValidationSummary 可以和上述 5 个内置验证控件以及自定义验证控件一起共同完成验证功能 |

另外还要注意 Page.IsValid 属性。当要判断使用者的输入是否通过验证时,可以检查 Page 对象的 IsValid 属性。如果 IsValid 属性为 Ture,则表示所有的控件都通过验证,反之则代表有控件没有通过验证。代码如下所示:

```
protected void Button1_Click(object sender, EvenArgs e)
{
    if (Page.IsValid)
    {
        Response.Write("验证成功!");
        //代码
        //……
    }
}
```

我们可以新建一个用户注册页面,分别使用不同验证控件,验证用户输入的注册信息。

## 6.2.2 RequireFieldValidator 控件

RequireFieldValidator 控件的重要属性见表 6.2,它可以用来强迫必需输入数据。

表 6.2　RequireFieldValidator 控件的重要属性

| 属　性 | 说　明 |
|---|---|
| ControlToValidate | 所要验证的控件的 ID |
| ErrorMessage | 在 ValidationSummary 中所显示的报错信息 |
| Text | 验证不通过后所显示的报错信息 |

使用 RequireFieldValidator 控件验证用户名是否为空。先从工具箱拖一个 RequireFieldValidator 控件到页面，再用 RequireFieldValidator 控件验证用户名是否为空，设置 ControlToValidate 属性指定被验证的文本框，并显示验证未通过的文本。验证用户名是否为空的效果图如图 6-2 所示。

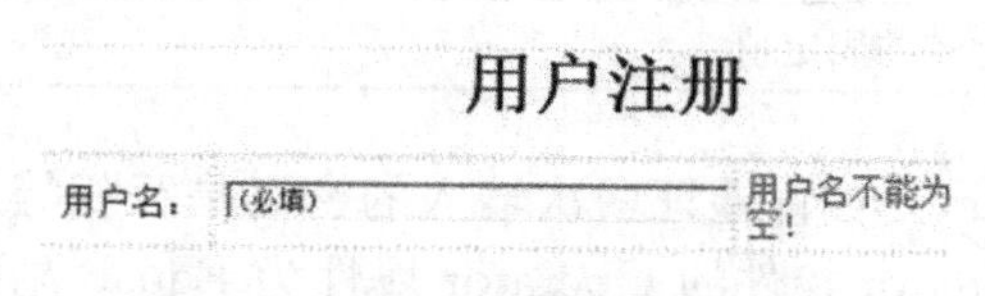


图 6-2　验证用户名是否为空的效果图

### 6.2.3 RangValidator 控件

RangValidator 控件限制输入的数据只能在指定范围之内，除了具有非空验证控件有的属性之外，还有几个独特的属性：MaxnumValue（最大值）、MinnumValue（最小值）、Type 等，见表 6.3。

表 6.3　RangValidator 控件的独特属性

| 属　性 | 说　明 |
|---|---|
| MinnumValue | 限制可以接受的最小值 |
| MaxnumValue | 限制可以接受的最大值 |
| Type | 所要比较或验证的数据类型，不同类型之间的比较会引发异常。可以设为 currency、date、double、integer 和 string |

使用 RangValidator 控件验证数值是否在 1～5 之间，从工具箱拖一个 RangValidator 控件到页面，并设计属性，完成后浏览页面，测试数值验证，如图 6-3 所示。

RangeValidator示例
请输入一个1~5之间的整数：
8
数字必须在1~5之间
没有通过验证！
确定

图 6-3　验证输入的数据是否超出范围的效果图

### 6.2.4 CompareValidator 控件

CompareValidator 控件将每一个控件的值同另一个控件的值相比较，或者与该控件的 ValueToCompare 属性中的确切值进行比较。CompareValidator 控件常用属性见表 6.4。

表 6.4 CompareValidator 控件常用属性

| 属 性 | 说 明 |
|---|---|
| Operator | 比较操作符，例如：Equal，NotEqual，GreaterThan，CreaterThanEqual，LessThan 和 LessThanEqual。如果表达式计算结果为 ture，那么验证结果是有效的 |
| ControlToCompare | 要比较的控件名称 |
| ValueToCompare | 要比较的固定值 |

使用 CompareValidator 控件验证两次输入的密码是否相等。在页面上添加验证控件，并指定 CompareValidator 控件的 Operator 属性为 Equal，浏览页面，测试密码验证，如图 6-4 所示。

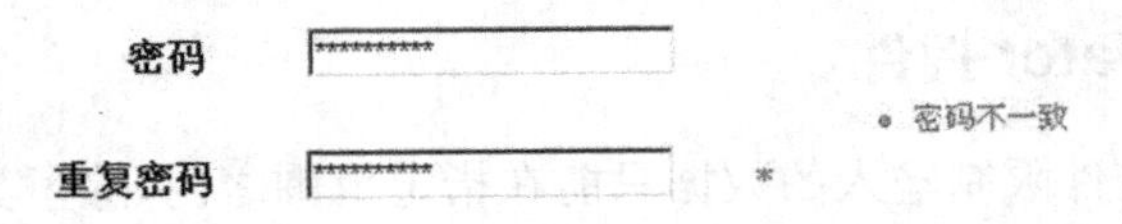


图 6-4 验证两次输入的密码是否一致

### 6.2.5 RegularExpressionValidator 控件

RegularExpressionValidator 控件可以用来执行更详细的验证。也就是，可以验证输入数据段格式，其重要属性 RegularExpression（验证规则），用来指定验证规则的正则表达式。正则表达式常用元字符如表 6.5 所示。

表 6.5 正则表达式常用元字符

| 元字符 | 说 明 |
|---|---|
| . | 匹配除换行符意外的任意字符 |
| \w | 匹配字母或数字或下划线 |
| \s | 匹配任意的空白符 |
| \d | 匹配数字 |
| \b | 匹配单位词的开始或结束 |
| ^ | 匹配字符串的开始 |
| $ | 匹配字符串的结束 |
| [x] | 匹配 x 字符，如匹配字符串中的 a、b 和 c 字符 |
| \W | \w 的反义，即匹配任意非字母、数字、下划线和汉字的字符 |

续表

| 元字符 | 说　明 |
|---|---|
| \S | \s 的反义,即匹配任意非空白符的字符 |
| \D | \d 的反义,即匹配任意非数字的字符 |
| \B | \b 的反义,即不是单位词开头或结束的位置 |
| [^x] | 匹配除了 x 之外的任意字符,如[^abc]匹配除了 abc 这几个字母之外的任意数字 |

限制使用者输入的账号必须以英文字母开头,而且最少要输入 4 个字符,最多可以输入 8 个字符,代码如下所示:

```
validationExpression="[a-zA-Z]{4,8}";
```

限制使用者输入的电话号码,代码如下所示:

```
validationExpression="[0-9]{2,4}-[0-9]{3,4}-[0-9]{3,4}";
```

使用 RegularExpressionValidator 控件验证邮件格式是否合法,在页面上添加验证控件,设置 Text 属性为“邮件格式错误”,指定被验证的控件为 textEmail。浏览页面测试邮件验证,如图 6-5 所示。

图 6-5　验证电子邮件格式是否正确的效果图

## 6.2.6　CustomValidator 控件

如果我们所要处理的数据是使用上述的数据验证控件无法执行的特殊表达式,可以利用 CustomValidator 控件,该控件可以让我们自定义数据的检验方式。CustomValidator 控件的常用属性见表 6.6。

表 6.6　CustomValidator 控件常用属性

| 属　性 | 说　明 |
|---|---|
| ControlToValidator | 要验证的控件的 ID |
| ClientValidatorFunction | 用于设置客户端验证的脚本函数 |
| OnServerValidator | 服务器端验证的时间方法 |

使用 CustomValidator 控件的语法为:

```
<asp:CustomValidator Id="被程序代码所控制的 ID" Runat="Server"
ControlToVaLidate="要验证的控件 ID" OnServerValidate="自定义的验证程序"
ErrorMessage="所要显示的错误信息" Text="未通过验证时所显示的信息"/>
```

使用 CustomValidator 控件验证用户名是否存在。在页面中添加验证控件，并指定 Text 为“用户名已经存在”，ControlToValidator 为文本框 TxtUsername。为控件添加 OnServerValidate 事件，关键代码如下所示：

```
protected void CustoValidator_ServerValidate(object source,
ServerValidateEventArgs args)
{
    string username=args.Value;
    bool flag;
    ......
    flag=//调用业务方法,返回用户名是否存在.
    ......
    if(flag)
    {
        args.IsValid=flase;
    }
    else
    {
        args.IsValid=ture;
    }
}
```

在“注册”按钮的 Click 事件中添加如下代码：

```
protected void btnLogin_Click(object sender, EventArgs e)
{
if(Page.IsValid)
{
    ClientScript.RegisterStarupScript(typeof(string),""
        ,"alert('验证通过!')",ture)
    //调用方法,执行注册
}
}
```

CustomValidator 控件在执行验证时，是通过 OnServerValidate 属性所指定的时间方法来执行验证，当被调用的程序传回 ture 时则表示验证成功，传回 false 则表示验证失败，如图 6-6 所示。

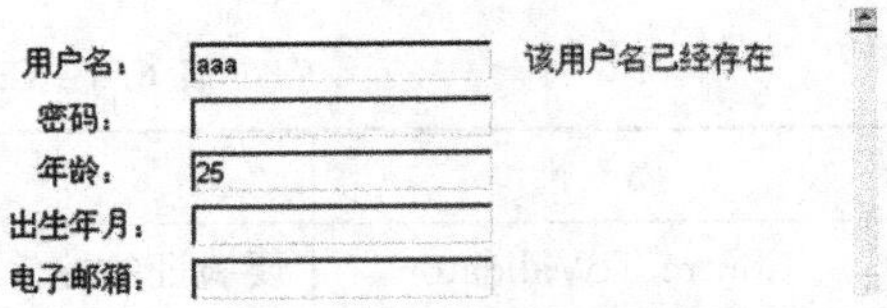

用户名: aaa 该用户名已经存在
密码:
年龄: 25
出生年月:
电子邮箱:

图 6-6 CustomValidator 控件的使用

### 6.2.7 验证控件的服务器端验证

上述验证控件除了包含客户端验证外，还包含服务器端验证。大家一定要谨记：客户端验证永远是脆弱的、不安全的，服务器端验证才是 Web 验证安全的保障。ASP.NET 验证框架默认是开启服务器端验证的。凡是在页面使用了验证控件的,在后台的业务逻辑代码执行之前一定要通过 Page.IsValid 判断是否通过了服务器端验证。有兴趣的同学可以做一个有趣的实验:用 HttpRequest 模拟 Http 请求,向我们的服务器提交未通过验证的数据,而在服务器端不通过 Page.IsValid 判断,看结果是否很糟糕。

### 6.2.8 ValidationSummary 控件

ValidationSummary 控件集中显示验证报错信息。如果不使用它,所有的验证错误(ErrorMessage)将直接在验证控件的位置显示,这样就不能很好地控制演示。具体来说,ValidationSummary 用于显示没有通过验证控件的 ErrorMessage 属性。

ValidationSummary 控件属性见表 6.7。

表 6.7 ValidationSummary 控件属性

| 属性 | 说明 |
|---|---|
| ShowMessageBox | 指定是否显示弹出式提示消息 |
| ShowSummary | 指定显示提示消息的时候,是否显示该报告内容 |

使用 ValidationSummary 控件,显示验证信息,要求以消息框形式显示。在页面中添加 ValidationSummary 控件,设置 ShowMessageBox 属性为 ture,完成后浏览页面,测试验证。

**注意**:在使用 ValidationSummary 控件之前,必须先设置其他 Web 验证控件的 ErrorManage。ValidationSummary 控件的最重要属性是 DisplayMode,该属性可以设置为 BulletList 项目方式、List 列表方式和 SingParagraph 方式。

## 作 业

1.完成用户页面的数据验证功能,包括对用户名和密码进行验证,如图 6-7 所示。当单击“提交”按钮后,显示响应提示信息。

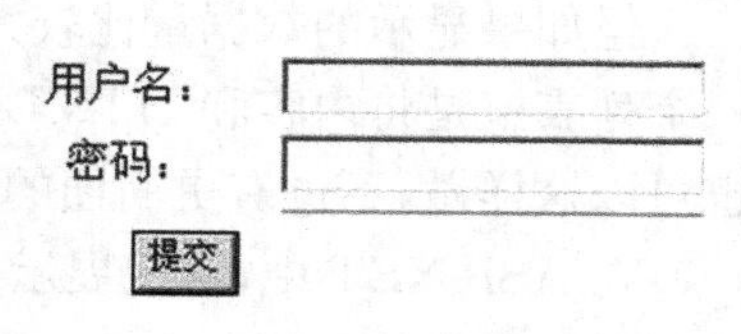


图 6-7 登录界面

2.验证两次密码是否相等,生日的格式为“年-月-日”。

3.验证邮箱地址和联系电话的格式是否正确。

4.使用 ValidationSummary 显示验证信息。

5.创建一个用户注册页面,让用户输入注册信息,包含用户名、真实姓名、密码、确认密码、E-mail、地址、手机,最后还需要一栏验证码,并对这些信息进行非空验证。

要求:确认密码必须与密码一致,E-mail 为邮箱格式,手机号码为 11 位数字,输入的验证码要正确。

# 第7章　数据绑定控件

**学习目标**

- 了解数据绑定的概念和方法
- 了解数据源控件
- 了解模板的概念
- 掌握数据绑定控件的常用模板
- 掌握 Repeater、DataList、GridView 和 DetailsView 控件的使用
- 使用 AspNetPager 实现分页

## 7.1　关于数据绑定

几乎所有的 Web 应用程序都要和数据打交道，无论这些数据是保存在数据库、XML 文件、结构化文件或者其他什么地方。应用程序需要一个方便灵活且有吸引力的方式把数据显示到网页上。

### 7.1.1　ASP.NET 中的数据绑定

在 ASP.NET 中我们应用编写代码，实现数据的显示。比如使用 Label 显示员工的姓名，我们可以查询数据库后，将得到的员工姓名赋值给 Label 的 Text 属性即可。

但如果显示的数据量比较大的话，如显示一个列表，就会很麻烦了。在 JSP 中，展示一个列表就是将内容和 HTML 标签在一起拼装成要显示的内容。在 ASP.NET 中，我们也可以这样做，不过有更简便的方式，就是使用数据绑定技术。

在 ASP.NET 中，实现展示数据一般使用数据绑定技术，数据绑定就是将数据展示在数据绑定控件的过程。

大家应该还记得在 WinForm 中 DataGirdView 控件可以直接指定数据源，也可以显示数据内容。在 ASP.NET 中有以下两种数据绑定方式。

①在程序中编写代码为控件指定数据源，语法如下：

```
控件 ID.DataSource = 数据源(DataSet、集合);
控件 ID.DataBind();
```

②使用数据源控件。数据源控件允许我们在页面和数据源间定义一个声明式的连接。使用数据源控件，你可以创建一个查询和更新数据库的复杂页面，而不需要编写一行代码。语法如下：

控件 ID.DataScourceID=数据源控件 ID;

在 ASP.NET 中可以使用“＜％ ％＞”编写服务器脚本，使用“＜％＝％＞”向客户端输出表达式的值，在绑定数据时则使用“＜％＃％＞”。具体用法，会在后面讲解。

为了方便后面的学习，我们可以新建一个数据库“empdb”，并新建一张表 empInfo 用于存储员工信息。该表字段及插入的测试数据如图 7-1 所示。

| | ID | Name | Sex | Age |
|---|---|---|---|---|
| ▶ | 0 | Name0 | 男 | 0 |
| | 1 | Name1 | 男 | 10 |
| | 2 | Name2 | 男 | 20 |
| | 3 | Name3 | 男 | 30 |
| | 4 | Name4 | 男 | 40 |
| | 5 | Name5 | 男 | 50 |
| * | NULL | NULL | NULL | NULL |

**图 7-1　empInfo 中存储的员工信息**

### 7.1.2　数据源控件

ASP.NET 中包含了一些数据源控件，这些数据源控件允许你使用不同类型的数据源，如数据库、XML 文件或中间层业务对象。数据源控件连接到数据源，从中检索数据，并使得其他控件可以绑定到数据源而无需代码。数据源控件还支持修改数据。

本小节介绍有关 ASP.NET 中不同类型的数据源控件的信息。数据源控件模型是可扩展的，因此你还可以创建自己的数据源控件，实现与不同数据源的交互，或为现有的数据源提供附加功能。

其实在介绍站点导航的章节，我们就使用过 SiteMapDataSource 数据源控件来在导航控件中显示导航信息。

所有的数据源控件都派生自 System.Web.UI.DataSourceControls 类。ASP.NET 中的数据源控件见表 7.1。

**表 7.1　数据源控件**

| 数据源控件 | 说　明 |
|---|---|
| LinqDataSource | 使用此控件，可以通过标记在 ASP.NET 网页中使用语言集成查询(LINQ)，从数据对象中检索和修改数据。支持自动生成选择、更新、插入和删除命令。该控件还支持排序、筛选和分页 |
| EntityDataSource | 允许绑定到基于实体数据模型(EDM)的数据。支持自动生成更新、插入、删除和选择命令。该控件还支持排序、筛选和分页 |

续表

| 数据源控件 | 说 明 |
|---|---|
| SqlDataSource | 允许使用Microsoft SQL Server,ODBC或Oracle数据库。与SQL Server一起使用时支持高级缓存功能。当数据作为DataSet对象返回时,此控件还支持排序、筛选和分页 |
| AccessDataSource | AccessDataSource控件连接到Microsoft Access数据库并使数据库数据可用于ASP.NET网页上的其他控件的信息。继承至SqlDataSource |
| ObjectDataSource | 允许使用业务对象或其他类,以及创建依赖中间层对象管理数据的Web应用程序。支持对其他数据源控件不可用的高级排序和分页方案 |
| XmlDataSource | 允许使用XML文件,特别适用于分层的ASP.NET服务器控件,如TreeView或Menu控件。支持使用XPath表达式来实现筛选功能,并允许对数据应用进行XSLT转换。XmlDataSource允许通过保存更改后的整个XML文档来更新数据 |
| SiteMapDataSource | 结合ASP.NET站点导航使用 |

数据源控件的设计和普通的控件一样,可以使用工具箱设计。从工具箱中选择SqlDataSource控件放入Web窗体中,生成代码如下所示:

```
<asp:SqlDataSource ID="SqlDataSource1" runat="Server">
</asp:SqlDataSource>
```

虽然我们能在设计视图里看见数据源控件,但实际运行出来的页面上是没有的。也就是说,数据源控件不在页面上占空间。设计视图中的SqlDataSource控件只是为了方便我们配置数据源。在后面我们会介绍数据源的配置及数据在控件中的显示。

### 7.1.3 数据绑定控件

数据源控件,必须要和ASP.NET中数据绑定控件配合使用,才能显示数据。数据绑定控件我们前面已经使用过,如DropDownList可以指定DataSource来显示数据。本小节将介绍功能更为强大、显示数据更多的数据绑定控件。常用的数据绑定控件见表7.2。

**表7.2 数据绑定控件**

| 数据绑定控件 | 说 明 |
|---|---|
| Repeater | Repeater Web服务器控件是一个容器控件,它使你可以从页的任何可用数据中创建出自定义列表。Repeater控件不具备内置的呈现功能,这表示用户必须通过创建模板为Repeater控件提供布局。当该页运行时,Repeater控件依次通过数据源中的记录,并为每个记录呈现一个项目 |
| DataList | DetaList Web服务器控件以可自定义的格式显示数据库行的信息。显示数据的格式在创建的模板中定义。可以为项、交替项、选定项和编辑项创建模板。标头、脚注和分隔符模板也用于自定义DataList的整体外观 |

续表

| 数据绑定控件 | 说　明 |
| --- | --- |
| DetailsView | DetailsView 控件在表格中显示数据源的单个记录，此表格中每个数据表示记录中的一个字段 |
| GridView | GridView 是 ASP.NET 的全能数据控件，通过表格方式展示数据，并继承编辑、分页、排序等功能。可以使用列、模板或者二者结合使用 |
| ListView | ListView 是一个基于模板的灵活控件，它并没有提供 GridView 的全部功能，但能灵活地呈现没有标签的数据 |

在 ASP.NET 中使用数据源控件和数据绑定控件展示数据。首先数据源控件连接数据库，并执行相关的 SQL 语句以获取数据，然后数据绑定控件将这些数据显示出来。由此可见，必须有一个机制将数据源控件和数据绑定控件关联起来，这就是所有数据控件都有一个重要属性——DataSourceID 的原因。

# 7.2　Repeater 控件

## 7.2.1　Repeater 控件简介

Repeater 控件是一个数据显示控件，该控件允许通过为列表中显示的每一项重复使用指定的模板来自定义布局。Repeater 控件要显示数据，必须先创建模板来绑定数据列表。模板元素说明见表 7.3。

**表 7.3　模板元素说明**

| 元素名称 | 说　明 |
| --- | --- |
| HeaderTemplate | 包含在列表的开始处分别呈现的文本和控件 |
| FooterTemplate | 包含在列表的结束处分别呈现的文本和控件 |
| ItemTemplate | 包含要为数据源中每个数据项都要呈现一次的 HTML 元素和控件 |
| AlternatingItemTemplate | 包含要为数据源中每个数据项都要呈现一次的 HTML 元素和控件。通常，可以使用此模板为交替项创建不同的外观，例如指定一种与在 ItemTemplate 中指定的颜色不同的背景色 |
| SeparatorTemplate | 包含在每项之间呈现的元素。典型的示例可能是一条直线 |

Repeater 与其他 ASP.NET Web 控件一样，包含属性、方法和事件。Repeater 的常用属性、方法和事件见表 7.4。

**表 7.4　Repeater 的常用属性、方法和事件**

| 属　性 | 说　明 |
| --- | --- |
| Items | 获取 Repeater 控件中的 RepeaterItem 对象的集合 |

续表

| 属　性 | 说　明 |
|---|---|
| ItemTemplate | 获取或设置 System.Web.UI.Itemplate，它定义如何显示 Repeater 控件中的项 |
| DataSource | 获取或设置为填充列表提供数据的数据源 |
| DataMember | 获取或设置 DataSource 中要绑定到控件的特定表 |
| DataSourceID | 获取或设置数据源控件的 ID 属性，Repeater 控件应使用它来检索其数据源 |
| EnableTheming | 获取或设置一个值，该值指示主题是否应用于此控件 |
| 方　法 | 说　明 |
| DataBind | 将数据源绑定到 Repeater 控件 |
| 事　件 | 说　明 |
| DataBinding | 当服务器控件绑定到数据源时发生 |
| ItemCommand | 当单击 Repeater 控件中的按钮时发生 |
| ItemCreated | 当在 Repeater 控件中创建一项时发生 |
| ItemDataBound | 在 Repeater 控件中的某一项被数据绑定后但尚未呈现在页面上之前发生 |
| PreRender | 在加载 Control 对象之后、呈现之前发生 |

### 7.2.2　绑定数据到 Repeater 控件

使用 Repeater 控件实现显示 empInfo 中的全部数据。步骤如下：

（1）新建一个 Web 应用程序“webSite6”，在目录下新建一个文件夹“Repeater”，在该文件中新建一个 ASP.NET 页面“Default.aspx”。

（2）新建一个类“DBUtil”，用于获得与 empdb 数据的连接。获取连接的方法代码如下所示：

```
public static SqlConnection GetConn()
{
    SqlConnection conn=new SqlConnection("server=.;database=empdb;
        Uid=sa; pwd=123456");
    return conn;
}
```

（3）在页面上添加一个 Repeater 控件，并在页面加载时为 Repeater 控件设置数据源，Page_Load 事件代码如下所示：

```
protected void Page_Load(object sender, EventArgs e)
{
    if(!isPostBack)
    {
        SqlConnection conn=DBUtil.GetConn();
```

```
            String sql = "select * from empInfo";
            SqlDataAdapter sda = new SqlDataAdapter(sql,conn);
            DataSet ds = new DataSet();
            sda.Fill(ds);
            this.Repeater1.DataSource = ds; //设置数据源
            this.Repeater1.DataBind();//调用数据绑定方法
        }
    }
```

(4)设计 Repeater 控件的模板,Default.aspx 主要代码如下所示:

```
<form id="form1" runat="server">
<div>
<table border="0" style="widh:5000px; text-align:center;"
cellpadding="0" cellspacing="0">
<!—
Repeater 控件的使用
头模板:显示标头
项模板:显示数据
交替项模板:在分隔项,显示数据并使用不同的背景色
分隔模板:在项与项之间用<hr>分开
-->
    <asp: Repeater ID=" Repeater1" runat="server">
        <Header Template>
            <tr>
                    <th>编号</th>
                    <th>姓名</th>
                    <th>年龄</th>
                    <th>性别</th>
                    <th>电子邮箱</th>
                    <th>地址</th>
            </tr>
        </HeaderTemplate>

        <ItemTemplate>
                <tr>
                        <td><%# Eval("empId") %></td>
                        <td><%# Eval("empName") %></td>
                        <td><%# Eval("empAge") %></td>
                        <td><%# Eval("empSex") %></td>
                        <td><%# Eval("empEmail") %></td>
                        <td><%# Eval("empAddress") %></td>
                </tr>
```

```
            </ItemTemplate>

            <AlternatingItemTemplate>
                        <tr style="background-color:#ccc;">
                            <td><%# Eval("empId") %></td>
                            <td><%# Eval("empName") %></td>
                            <td><%# Eval("empAge") %></td>
                            <td><%# Eval("empSex") %></td>
                            <td><%# Eval("empEmail") %></td>
                            <td><%# Eval("empAddress") %></td>
                    </tr>
            </AlternatingItemTemplate>

            <SeparatorTemplate>
              <tr>
                    <td colspan="6" style="margin:0px 0px 0px 0px;">
                            <hr />
                        </td>
                    </tr>
                    </SeparatorTemplate>
                </asp:Repeater>
                </table>
            </div>
    </form>
```

## 7.2.3 Repeater 与 SqlDataSource

前面我们提到数据控件可以与数据源控件一起使用来显示数据。下面通过示例来演示，新建一个页面同样用于显示 empInfo 中的所有信息，要求按编号降序排列。实现步骤如下：

(1)新建一个页面“Default2.aspx”，在页面上添加一个 SqlDataSource 控件，进入设计视图，右键单击 SqlDataSource 控件，选择“Configure Data Source”，弹出如图 7-2 所示的对话框。

(2)单击“新建连接”按钮，出现“添加连接”对话框，输入连接信息，如图 7-3 所示。

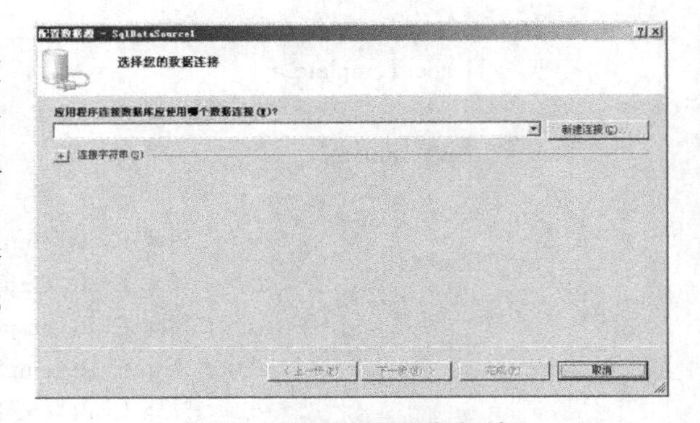


图 7-2 “配置数据源”对话框

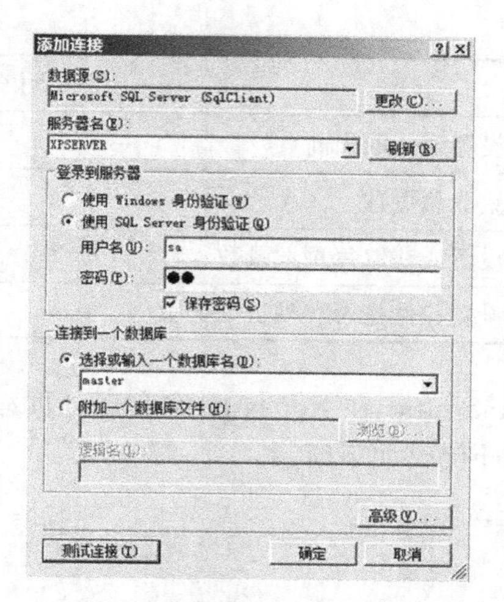


图 7-3　“添加连接”对话框

(3)单击“确定”按钮,新建连接成功,返回“配置数据源”对话框,再单击“Next”到如图 7-4 所示的视图,选择要查询的表以及字段。

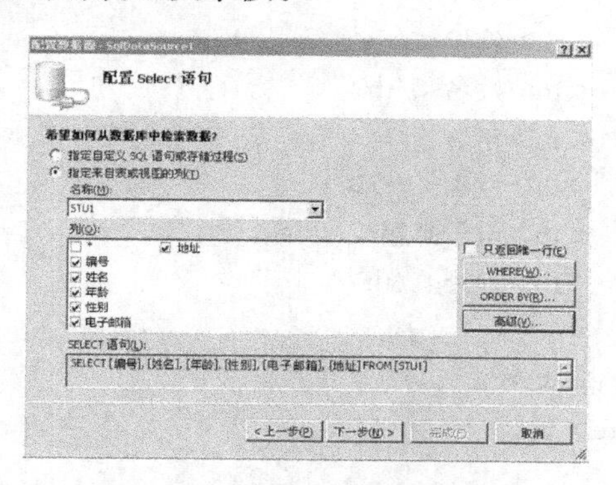


图 7-4　选择查询的表以及字段

(4)单击“ORDER BY”按钮,进行排序设置。

(5)单击“完成”按钮,完成配置。

(6)在页面中添加一个 Repeater 控件,设计代码与 Default.aspx 中相同,并制定 Repeater 控件的 DataSourceID 为前面配置的 SqlDataSource 控件的 ID。

### 7.2.4　基于 PagedDataSource 类的分页

ASP.NET 中提供了一个用于分页的类,即 PagedDataSource。该类封装了数据绑定控件与分页相关的属性。PagedDataSourse 的常用属性见表 7.5。

表 7.5　PagedDataSourse 的常用属性

| 属　性 | 说　明 |
| --- | --- |
| DataSource | 设置数据源 |

续表

| 属　性 | 说　明 |
| --- | --- |
| CurrentPageIndex | 设置或获取当前页 |
| PageCount | 获取总页数 |
| PageSize | 设置或获取每页记录数 |
| AllowPaging | 设置控件是否实现自动分页 |

下面我们使用 PageDataSourse 在 Repeater 中实现分页显示数据。

新建一个页面，页面设计代码如下所示：

```
<form id="form1" runat="server">
<div style="width: 363px">
    <table>
    <asp:Repeater ID="Repeater1" runat="server">
     <HeaderTemplate>
            <tr>
                    <th>编号</th>
                    <th>姓名</th>
                    <th>年龄</th>
                    <th>性别</th>
                    <th>电子邮箱</th>
                    <th>地址</th>
            </tr>
      </HeaderTemplate>
      <ItemTemplate>
            <tr>
                    <td><%# Eval("empId") %></td>
                    <td><%# Eval("empName") %></td>
                    <td><%# Eval("empAge") %></td>
                    <td><%# Eval("empSex") %></td>
                    <td><%# Eval("empEmail") %></td>
                    <td><%# Eval("empAddress") %></td>
               </tr>
     </ItemTemplate>

     <AlternatingItemTemplate>
                <tr style="background-color: #ccc;">
                    <td><%# Eval("empId") %></td>
                    <td><%# Eval("empName") %></td>
                    <td><%# Eval("empAge") %></td>
                    <td><%# Eval("empSex") %></td>
```

```
                    <td><%# Eval("empEmail") %></td>
                    <td><%# Eval("empAddress") %></td>
                </tr>
    </AlternatingItemTemplate>

    <SeparatorTemplate>
      <tr>
        <td colspan="6"><hs /></td>
      </tr>
    </SeparatorTemplate>
  </asp:Repeater>
 </table>
    <asp:Panel ID="Panel1" runat="server" HorizontalAlign="Right" Width="250px">
  <asp:Label ID="lblPageInfo" runat="server" Text="">
      </asp:Label>
 <asp:Button ID="btnPrev" runat="server" Text="上一页" Onclick="btnPrew_Click" />
 <asp:Button ID="btnPrev" runat="server" Text="下一页" Onclick="btnPrew_Click" />
           </asp:Panel>
      </div>
</form>
```

编写后台代码,实现数据绑定与分页,代码如下所示:

```
//定义一个属性,获取或设置当前页码
private int Pager
{
    //使用 ViewState 存储当前页码
    Get{return(int)ViewState["page"];}
    Set{ViewState["page"]=value;}
    }
    protected void Page_Load(object sender, EventArgs e){
        if(!isPostBack)
        {
            ViewState["page"] = 0; //初始化页码为 0
            this.ShowData();
        }
    }
    //查询数据的方法
    private DataSet GetData(){
        SqlConnection conn = DBUtil.GetConn();
        String sql = "select * form empinfo" ;
        SqlDataAdapter sda = new SqlDataAdapter(sql, conn);
        DataSet ds = new DataSet();
```

```
        sda.Fill(ds);
        return ds;
    }
    //分页设置,并绑定数据
    private void ShowData(){
        PageDataSource pds = new PageDataSource();
        //为 PagedDataSource 设置数据源
        pds.DataSource = this.GetData().Tables[0].DefaultView;
        pds.AllowPaging = true;//允许分页
        pds.PageSize = 4;//设置每页显示 4 条数据
        pds.CurrentPageIndex = Pager; //设置当前页
        //设置 Repeater 的数据源为 PagedDataSource
        this.Repeaterl.DataSource = pds;
        //得到当前页和总页数
        String info = string.Format("第{0}页 共{1}页.",
        pds.CurrentPageIndex +1, pds.PageCount);
        this.lblPageInfo.Text = info ;
        //设置"上一页""下一页"按钮是否可用
        this.btnNext.Enabled = true;
        this.btnPrev.Enabled = true;
        //如果为第一页
        if(psd.IsFirstPage)
        {
            btnPrev.Enabled = false;
        }
        //如果是最后一页
        {
            btnNext.Enabled = false;
        }
        //调用绑定方法
        this.Repeater1.DataBind();
    }
    //"下一页" 按钮的 Click 事件
    protected void btnNext_Click(object sender, EventArgs e){
        Pager ++; //页码自增
        ShowData();
    }
    //"上一页"按钮的 Click 事件
    protected void btnPrev_Click(object sender, EventArgs e){
        Pager --; //页码自减
        ShowData();
    }
}
```

### 7.2.5 AspNetPager 实现数据分页

使用 PagedDataSource 实现数据分页，非常的复杂。它只提供了后台分页的代码逻辑，却没有相应的界面呈现部分，因此使用起来确实非常不便。接下来我们介绍另外一款分页控件 AspNetPager。AspNetPager 的主要功能包括：

①支持多种分页方式。AspNetPager 除提供默认的类似于 DataGrid 和 GridView 的 PostBack 分页方式，还支持通过 URL 进行分页，具有用户友好与搜索引擎友好的优点。

②支持使用用户自定义图片作为导航元素。你可以使用自定义的图片文件作为分页控件的导航元素，而不仅仅限于显示文字内容。

③功能强大灵活、使用方便、可定制性强。AspNetPager 分页控件的所有导航元素都可以由用户进行单独控制，从 6.0 版起，AspNetPager 支持使用主题与皮肤统一的整体样式，配合 ASP.NET2.0 中的 DataSource 控件，AspNetPager 只需要编写短短几行代码，甚至无需编写任何代码，只需设置几个属性就可以实现分页功能。

④兼容 IE6.0＋及 Firefox1.5＋等浏览器。

AspNetPager 控件的常用属性见表 7.6。

表 7.6　AspNetPager 的常用属性

| 属　性 | 说　明 |
| --- | --- |
| CurrentPageIndex | 用于显示普通文本，是默认的数据绑定列类型 |
| FirstPageText | 第一页按钮上显示的文本 |
| LastPageText | 最后一页按钮上显示的文本 |
| NextPageText | 下一页按钮上显示的文本 |
| NumericButtonCount | 要显示的页索引数值按钮的数目 |
| PageSize | 每页显示的记录数 |
| PrevPageText | 上一页按钮显示的文本 |
| ShowFirstLast | 是否显示第一页和最后一页按钮 |
| ShowMoreButtons | 是否显示更多页按钮 |
| ShowPageIndex | 是否显示数值按钮 |
| ShowPrevNext | 是否显示上一页、下一页按钮 |

接下来我们具体讲解如何利用 AspNerPager 实现数据分页功能。首先右键单击“工具箱”，在弹出的右键菜单中选择“选择项”，如图 7-5 所示。

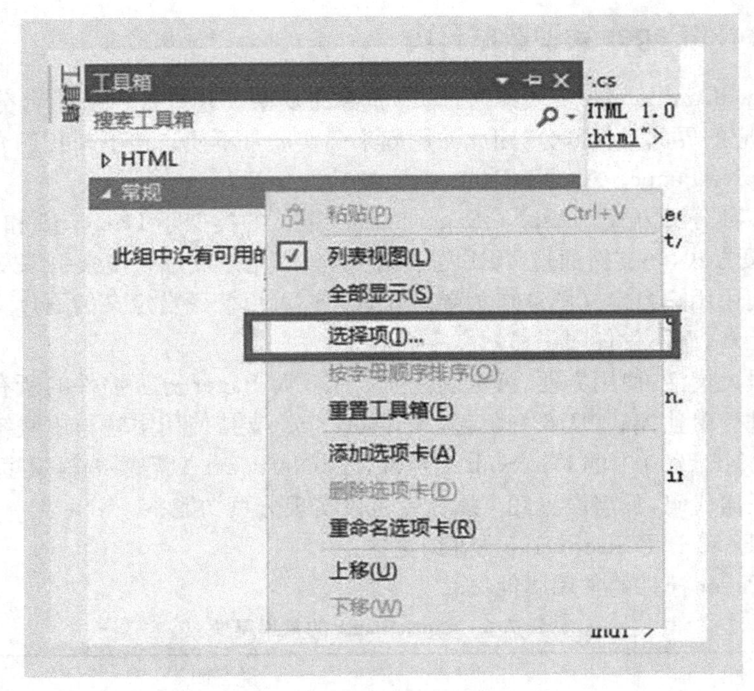


图 7-5 “工具箱”→“选择项”

在弹出的“选择工具箱”对话框中单击“浏览”按钮，找到并选择 AspNetPager.dll 文件后单击“打开”按钮即可将分页控件添加到工具箱中，如图 7-6 所示。

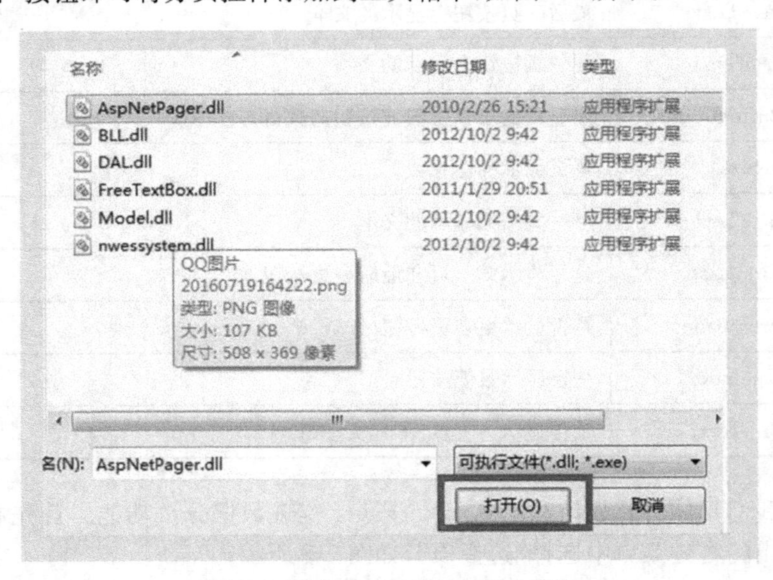


图 7-6 添加 AspNetPager 到工具箱

利用鼠标将 AspNetPager 拖曳到页面的指定位置，即可在页面看到效果，如图 7-7 所示。

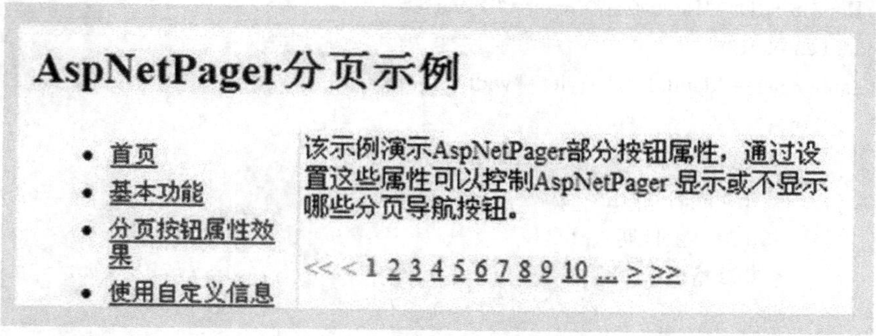

AspNetPager分页示例

- 首页
- 基本功能
- 分页按钮属性效果
- 使用自定义信息

该示例演示AspNetPager部分按钮属性，通过设置这些属性可以控制AspNetPager 显示或不显示哪些分页导航按钮。

<< < 1 2 3 4 5 6 7 8 9 10 ... > >>

图 7-7　AspNetPager 在页面中的预览效果

在属性事件面板中，找到 AspNetPager 的 PageChanging 事件，双击自动为其挂载方法，并进入后台代码，编写分页相关的逻辑代码。在该事件中，重要的是获取用户点击的页码值，可以通过 e.NewPageIndx 获取。代码如下：

```
protected void Page_Load(object sender, EventArgs e){
    if(!isPostBack)
    {
        BindStudents(0, this. AspNetPagerl. PageSize);
    }
}


protected void AspNetPager1_PageChanging(object src,
Wuqi. Webdiyer. PageChangingEventArgs e)
{
    //获取用户点击的页码
    int pageIndex = e . NewPageIndex;
    int pageSize = this. AspNerPagerl. PageSize;
    BindStudents(pageIndex, pageSize);
}
private void BindStudents(int pageIndex, int pageSize){
    List<student>allStudents = QueryStudents();
    //获取指定页码的数据
    this. Repeaterl. DataSource = allStudents. Skip((pageIndex-1)
    * pageSize). Take(pageSize);
    this. Repeaterl. DataBind();
    //为 AspNetPager 指定分页信息
    this. AspNetPagerl1. RecordCount = allStudents. Count;
    this. AspNetPagerl1. CurrentPageIndex = pageIndex;
}
```

前台页面参考代码如下：

```
<asp:Repeater ID="Repeaterl" runat="server">
<HeaderTemplate>
    <table class="datatablel" style="width:400px;">
        <tr>
            <th>ID</th>
            <th>姓名</th>
            <th>出生日期</th>
            <th>籍贯</th>
        </tr>
</HeaderTemplate>
<ItemTemplate>
        <tr>
            <td><%# Eval("Id") %></td>
            <td><%# Eval("Name") %></td>
            <td><%# Eval("Birthday","{0:yyyy-MM-dd}") %></td>
            <td><%# Eval("Address") %></td>
        </tr>
</ItemTemplate>
<FooterTemplate>
</table>
</FooterTemplate>
</asp:Repeater>
<webdiyer:AspNetPager ID="AspNetPager1" runat="server" PageSize
="5" onpagechanging="AspNetPager1_PageChanging">
</webdiyer:AspNetPager>
```

### 7.2.6 从 Repeater 控件上删除数据

删除 Repeater 中显示的数据，可以在项模板中添加一个按钮，并设置按钮的 CommandName 为删除数据的主键。在 Repeater 的 ItemCommand 事件中，得到 CommandName 的值，然后操作数据库进行删除。

通过一个示例来演示，在 Repeater 中删除数据，仍使用 empInfo 表。步骤如下：

(1)新建一个页面"Default3.aspx"，在页面中添加一个 SqlDataSource 控件，并配置这个数据源。

(2)在页面上添加一个 Repeater 控件，设置 Repeater 控件的 DataSourceID 为步骤(1)所配置的 SqlDataSource 的控件的 ID。设计 Repeater 的模板，代码如下：

```
<form id="form1" runat="server">
<div>
  <table border="0" style="width:500px; text-align:center;"
cellspacing="0">
      <!--
```

```
        HeaderTemplate
        ItemTemplate
        SeparatorTemplate
    -->
    <asp:Repeater ID="Repeater1" runat="server" DataSourceID="SDS01"
        onitemcommand="Repeater1_ItemCommand"
        onitemcreated="Repeater1_ItemCreated"
        onitemdatabound="Repeater1_ItemDataBound" >
       <HeaderTemplate>
        <tr>
              <th>编号</th>
              <th>姓名</th>
              <th>年龄</th>
              <th>性别</th>
              <th>电子邮箱</th>
              <th>地址</th>
              <th>删除</th>
        </tr>
       </HeaderTemplate>
<ItemTemplate>
        <tr>
        <td><%# Eval("empId") %></td>
        <td><%# Eval("empName") %></td>
        <td><%# Eval("empAge") %></td>
        <td><%# Eval("empSex") %></td>
        <td><%# Eval("empEmail") %></td>
          <td><%# Eval("empAddress") %></td>
          <td>
             <asp:Button runat="server" Text="删除"
                    CauseValidation="false"
                    CommandArgument='<%# Eval("empID")%>' />
        </td>
        </tr>
  </ItemTemplate>
        <SeparatorTemplate>
        <tr>
             <td colspan="7" style="margin:0px 0px 0px 0px;">
                    <hr />
                </td>
             </tr>
             </SeparatorTemplate>
        </asp:Repeater>
```

```
        </table>
      </div>
  </form>
```

(3)编写后台代码,为 Repeater 添加 ItemCommend 事件,代码如下所示:

```
protected void Repeater1_ItemCommand(object source, RepeaterCommand
EventArgs e){
    int empId=Convert.ToInt32(e.CommandArgument);//得到员工编号
    String sql=string.Format("delete empInfo where empId={0}",empId);
    SqlConnection conn=DBUtil.GetConn();
    SqlCommand cmd = new SqlCommand(sql, conn);
    try
    {
        conn.Open();
        cmd.ExecuteNonQuery();
        conn.Close();
        this.Repeater1.DadaBing();//重新绑定数据
    }
    catch
    {}
}
```

## 7.3 DataList 控件

### 7.3.1 DataList 简介

DataList 控件以表的形式呈现数据,通过该控件,您可以使用不同的布局来显示数据记录,例如,将数据记录排成列或行的形式。您可以对 DataList 控件进行配置,使用户能够编辑或删除表中的记录(DataList 控件不使用数据源控件的数据修改功能,您必须自己提供此代码)。DataList 控件与 Repeater 控件的不同之处在于:DataList 控件将项目显式放在 HTML 表中,而 Repeater 控件则不然。DataList 控件用于显示限制于该控件的项目的重复列表,其使用方式和 Repeater 控件相似,也是使用模板标记。不过,DataList 控件会默认地在数据项目上添加表格,而且正是由于它使用模板进行设计,所以它的灵活性比 GridView 更高。DataList 控件可被绑定到数据库表、XML 文件或者其他项目列表。DataList 控件新增 SelectedItemTemplate 和 EditItemTemplate 模板标记,可以支持选取和编辑功能。

在 DataList 控件中除了支持 Repeater 控件中的五个模板以外,还支持如下两个模板:

- SelectedItemTemplate,控制如何格式化被选定的项。
- EditItemTemplate,控制如何格式化被编辑的项。

当在DataList中选中一个项时(即DataList的SelectedIndex属性值为当前选定项的索引值),将显示SelectedItem模板;当在DataList中选择一个项来编辑时(即DataList的EditItemIndex属性值为当前选定项的索引值),将显示EditItem模板。

DataList控件支持事件冒泡,可以捕获DataList内包含的控件产生的事件,并且通过普通的子程序处理这些事件。讲到这里,有些人可能不太明白事件冒泡的好处所在。这样,我们反过来思考:如果没有事件冒泡,那么对于DataList内包含的每一个控件产生的事件都需要定义一个相应的处理函数,如果DataList中包含10000个控件呢?或者更多呢?那我们得写多少个事件处理程序。所以有了事件冒泡,不管DataList中包含多少个控件,我们只需要一个处理程序就可以了。

DataList控件支持五个事件:

- EditCommand,由带有CommandName="edit"的子控件产生。
- CancelCommand,由带有CommandName="cancel"的子控件产生。
- UpdateCommand,由带有CommandName="update"的子控件产生。
- DeleteCommand,由带有CommandName="delete"的子控件产生。
- ItemCommand,DataList的默认事件。

DataList控件比Repeater控件多两个模板,SelectedItemTemplate模板可以格式化DataList中被选定的项的格式。

数据绑定到DataList后,DataList中的每一项都有一个索引号,第一项的索引为0,依次往下编号。我们可以利用索引来确定DataList中具体的项。

DataList默认以ItemTemplate或ItemTemplate+AlternatingItemTemplate模板显示数据项。

当DataList的SelectedIndex属性(该属性默认值为-1,表示不显示SelectedItemTemplate模板)的值为DataList某一项的索引的时候,对应的项将会以SelectedItemTemplate模板显示。

DataList常用属性如表7.7所示。

**表7.7　DataList常用属性**

| 属　性 | 说　明 |
| --- | --- |
| PagedDataSource | 类的部分公共属性 |
| AllowCustomPaging | 获取或设置指示是否启用自定义分页的值 |
| AllowPaging | 获取或设置指示是否启用分页的值 |
| Count | 获取要从数据源使用的项数 |

## 7.3.2　DataList分页显示数据

ASP.NET提供了三个功能强大的列表控件:DataGrid、DataList和Repeater控件,但其中只有DataGrid控件提供分页功能。相对DataGrid,DataList和Repeater控件具有更高的样式自定义性,所以很多时候我们喜欢使用DataList或Repeater控件来显示数据。

实现 DataList 或 Repeater 控件的分页显示有两种方法：

- 写一个方法或存储过程，根据传入的页数返回需要显示的数据表(DataTable)。
- 使用 PagedDataSource 类(位于 System.Web.UI.WebControls 命名空间里)。

接下来说怎么使用 PagedDataSource 类实现 DataList 控件的分页显示。DataGrid 控件内部也使用了 PagedDataSource 类，PagedDataSource 类封装 DataGrid 控件的属性，这些属性使 DataGrid 可以执行分页。DataGrid 控件就是使用 PagedDataSource 类来实现数据分页显示的。

下面举个使用 PagedDataSource 类实现 DataList 控件的分页显示的例子。代码如下：

```
public void Page_Load(Object src, EventArgs e)
{
    OleDbConnection objConn=new OleDbConnection(@"Provider=
    Microsoft.Jet.OLEDB.4.0; Data Source=c:\\test.mdb");
    OleDbDataAdapter objCommand=new OleDbDataAdapter("select * from
    Users",objConn);
    DataSet ds=new DataSet();
    objCommand.Fill(ds);

    //对 PagedDataSource 对象的相关属性赋值
    PagedDataSource objPds = new PagedDataSource();
    objPds.DataSource = ds.Tables[0].DefaultView;
    objPds.AllowPaging = true;
    objPds.PageSize = 5;
    int CurPage;

    //当前页面从 Page 查询参数获取
    if (Request.QueryString["Page"] != null)
        CurPage=Convert.ToInt32(Request.QueryString["Page"]);
    else
        CurPage=1;

    objPds.CurrentPageIndex = CurPage-1;
    lblCurrentPage.Text = "Page: " + CurPage.ToString();

    if (!objPds.IsFirstPage)
            lnkPrev.NavigateUrl=Request.CurrentExecutionFilePath + "?
                Page=" + Convert.ToString(CurPage-1);

    if (!objPds.IsLastPage)
            lnkNext.NavigateUrl=Request.CurrentExecutionFilePath+ "?
```

```
    Page=" + Convert.ToString(CurPage+1);

    //把 PagedDataSource 对象赋给 DataList 控件
    DataList1.DataSource=objPds;
    DataList1.DataBind();
}
```

浏览页面，如图 7-8 所示。

| 编号 | 学生 | 性别 | 操作 |
| --- | --- | --- | --- |
| 5 | 朱西 | 女 | 编辑　删除 |
| 7 | 卢小小 | 男 | 编辑　删除 |
| 8 | 周星 | 男 | 编辑　删除 |
| 10 | 陈小彬 | 男 | 编辑　删除 |
| 11 | 李光女 | 女 | 编辑　删除 |

首页 上一页 1 2 下一页 尾页

**图 7-8　使用 DataList 分页显示数据**

### 7.3.3　编辑 DataList 中的数据

使用 GridView 来编辑和删除数据之所以很简单，是因为 GridView 和 ObjectDataSource 在底层非常一致。当更新按钮被点击时，GridView 自动将字段的值赋给 ObjectDataSource 的 UpdateParameters 集合，然后激发 ObjectDataSource 的 Update()方法。而 DataList 与 Repeater 并没有相关使用方法。

需要确保将合适的值赋给 ObjectDataSource 的参数，然后调用 Update()方法，DataList 提供了以下的属性和事件来完成：

• DataKeyField 属性，更新或删除时，需要唯一确定 DataList 里的每个 item，将这个属性设为显示的数据的主键。这样做会产生 DataList 的 DataKeyCollection，每个 item 都有一个指定的 DataKeyField。

• EditCommand 事件，当 CommandName 属性设为"Edit"的 Button，LinkButton 或 ImageButton 被点击时激发。

• CancelCommand 事件，当 CommandName 属性设为"Cancel"的 Button，LinkButton 或 ImageButton 被点击时激发。

• UpdateCommand 事件，当 CommandName 属性设为"Update"的 Button，LinkButton 或 ImageButton 被点击时激发。

• DeleteCommand 事件，当 CommandName 属性设为"Delete"的 Button，LinkButton 或 ImageButton 被点击时激发。

使用以上的属性和事件，有四种方法来更新和删除数据(第一种方法提供了更好的可扩展性，而设计 DataList 的本意就是使用这种方式)：

• 使用 ASP.NET 1.x 的技术。DataList 先于 ASP.NET 2.0 和 ObjectDataSource 存在，可以直接通过编程来实现编辑和删除。这种方法需要在显示数据或者更新删除记录时，直接在 BLL 层将数据绑定到 DataList。

• 使用一个单独的 ObjectDataSource 来实现。DataList 没有 GridView 内置的编辑删除功能，并不意味着不能添加这些功能。使用 ObjectDataSource，但是在设置 ObjectDataSource 的参数并调用 Update()方法时，需要为 DataList 的 UpdateCommand 事件创建一个事件 handler。

• 使用 ObjectDataSource 控件进行选择，但直接针对 BLL 进行更新和删除。使用第二种方法时需要为 UpdateCommand 事件和参数赋值等写一些代码。其实我们可以用 ObjectDataSource 来实现选择，而更新和删除直接调用 BLL，直接调用 BLL 会使代码可读性更好。

• 使用多个 ObjectDataSource。前面的三种方法都需要一些代码，最后一种方法是使用多个 ObjectDataSource。第一个 ObjectDataSource 从 BLL 获取数据，并绑定到 DataList。为更新添加另一个 ObjectDataSource，同样对删除也是如此。三个 ObjectDataSource 通过 ControlParameters 声明语法直接绑定参数，而不是在 DataList 的 UpdateCommandEventHandler 编程处理。这种方法也需要一些编码，需要调用 ObjectDataSource 内置的 Update() 或 Delete()，但是比起其他三种方法，代码少得多。这种方法的劣势是多个 ObjectDataSource 使页面看起来混乱。

当设置了 CommandName 的 Repeater 或 DataList 里的 Button，LinkButton 或 ImageButton 被点击时，Repeater 或 DataList 的 ItemCommand 事件被激发。对 DataList 来说，如果 CommandName 设为某个值，另外一个事件也会被激发(除了 ItemCommand 被激发以外，下面事件也会激发)，如下：

• “Cancel”，激发 CancelCommandEvent。

• “Edit”，激发 EditCommandEvent。

• “Update”，激发 UpdateCommandEvent。

点击 DataList 里的 Button 会引起 postback，但是并没有进入 product 的编辑模式。为了完成这个，需要设置 DataList 的 EditItemIndex 属性为被点击了 EditButton 的 DataListItem 的 index，并重新绑定数据到 DataList。通过以下代码完成：

```
protected void DataList1_EditCommand(object source,
DataListCommandEventArgs e){
    // Set the DataList's EditItemIndex property to the index of the DataListItem that was clicked
    DataList1.EditItemIndex = e.Item.ItemIndex;
// EditItemIndex 表示获取或设置 DataList 控件中要编辑的选定项的索引号
    // Rebind the data to the DataList
    DataList1.DataBind();
}
```

上面代码中方法的第二个参数类型为 DataListCommandEventArgs，它是被点击的 EditButton 的 DataListItem 的引用(e.Item)。首先设置 DataList 的 EditItemIndex 为需

要编辑的 DataListItem 的 ItemIndex，然后重新绑定数据。使 DataList 以只读模式展示 item，需要：

• 设置 DataList 的 EditItemIndex 属性为一个不存在的值，DataListItemIndex-1 是一个好的选择（由于 DataListItemIndex 从 0 开始）。

• 重新绑定数据到 DataList。由于没有 DataListItemIndex 和 DataList 的 EditItemIndex 关联，整个 DataList 会展现为只读模式。

可以通过以下代码完成：

```
protected void DataList1_CancelCommand(object source,
DataListCommandEventArgs e)
{
    // Set the DataList's EditItemIndex property to -1
    DataList1.EditItemIndex = -1;
    // Rebind the data to the DataList
    DataList1.DataBind();
}
```

完成 UpdateCommandEventHandler 需要：

• 编程获取用户输入的 productName，unitPrice 和 productID。

• 调用 ProductsBLL 类里的合适的 UpdateProduct 重载方法。

• 设置 DataList 的 EditItemIndexProperty 为一个不存在的值，DataListItemIndex-1 是一个好的选择。

• 重新绑定数据。

下面的代码完成了上面的功能：

```
protected void DataList1_UpdateCommand(object source,
DataListCommandEventArgs e){
    // Read in the ProductID from the DataKeys collection
    int productID = Convert.ToInt32(DataList1.DataKeys
    [e.Item.ItemIndex]);
    // Read in the product name and price values
    TextBox productName = (TextBox)e.Item.FindControl
    ("ProductName");
    TextBox unitPrice = (TextBox)e.Item.FindControl
    ("UnitPrice");//查找对应的控件
    string productNameValue = null;
    if (productName.Text.Trim().Length > 0)
            productNameValue = productName.Text.Trim();
    Decimal unitPriceValue = null;
    if (unitPrice.Text.Trim().Length > 0)
            unitPriceValue = Decimal.Parse(unitPrice.Text.Trim(),
    System.Globalization.NumberStyles.Currency);
```

```
                // Call the ProductsBLL's UpdateProduct method...
        ProductsBLL productsAPI = new ProductsBLL();
        productsAPI.UpdateProduct(productNameValue, unitPriceValue,
        productID);//调用 BLL 中的重载方法
                // Revert the DataList back to its pre-editing state
        DataList1.EditItemIndex = -1;
        DataList1.DataBind();
    }
```

# 7.4 GridView 控件

## 7.4.1 GridView 控件介绍

GridView 控件是一个功能强大的控件。它可以使用数据绑定技术，在数据初始化的时候绑定一个数据源，从而显示数据。除了能够显示数据外，还可以实现编辑、排序和分页等功能，而这些功能的实现有时可以不写代码或写很少的代码。

GridView 控件的属性很多，总体上可以分为分页、数据、行为、样式等几类。

- 分页：主要是设置是否分页、分页标签的显示样式、页的大小等。
- 数据：设置控件的数据源。
- 行为：主要进行一些功能性的设置，如：是否排序，是否自动产生列，是否自动产生选择、删除、修改按钮等。
- 样式：设置 GridView 控件的外观，包括选择行的样式、用于交替的行的样式、编辑行的样式、分页界面样式、脚注样式、标注样式等。

GridView 控件的事件非常丰富，当在 GridView 控件上操作时就会产生相应的事件，要实现的功能代码就写在相应的事件中。

GridView 控件常用属性、方法和事件见表 7.8。

**表 7.8 GridView 控件常用属性、方法和事件**

| 属　性 | 说　明 |
| --- | --- |
| AllowPaging | 获取或设置一个值，该值指示是否启用分页功能 |
| Colums | 获取表示 GridView 控件中列字段的 DataControlField 对象的集合 |
| DatakeysNames | 获取或设置一个数组，该数组包含了显示在 GridView 控件中的项的主键字段的名称 |
| Datakeys | 获取一个 Datakey 对象集合，这些对象表示 GridView 控件中的每一行的数据键值 |
| EditIndex | 获取或设置要编辑的行的索引 |
| FooterRow | 获取表示 GridView 控件中的脚注行的 GridViewRow 对象 |
| HeaderRow | 获取表示 GridView 控件中的标注行的 GridViewRow 对象 |

续表

| 属　性 | 说　明 |
|---|---|
| Rows | 获取表示 GridView 控件中数据行的 GridViewRow 对象的集合 |
| SelectedDatakey | 获取 Datakey 对象,该对象包含 GridView 控件中选中行的数据值 |
| SelectedRow | 获取对 GridViewRow 对象的引用,该对象表示控件中的选中行 |
| SelectedValue | 获取 GridView 控件中选中行的数据键值 |
| PageCount | 获取在 GridView 控件中显示数据源记录所需的页数 |
| PageIndex | 获取或设置当前显示页的索引 |
| PageSize | 获取或设置 GridView 控件在每页上所显示的记录的数目 |
| 方　法 | 说　明 |
| DeleteRow | 从数据源中删除位于指定索引位置的记录 |
| DataBind | 将数据源绑定到 GridView 控件 |
| Sort | 根据指定的排序表达式和方向对 GridView 控件进行排序 |
| UpdateRow | 使用行的字段值更新位于指定行索引位置的记录 |
| FindControl | 根据控件 ID,查找 GridView 中的控件 |
| 事　件 | 说　明 |
| DataBinding | 在 GridView 控件正在进行数据源的绑定时发生 |
| DataBound | 在 GridView 控件完成到数据源的绑定后发生 |
| RowCommand | 在 GridView 控件中单击某个按钮时发生。此事件通常用于在该控件中单击某个按钮时执行某项任务 |
| RowDataBound | 在 GridView 控件中的某个行被绑定到一个数据记录时发生。此事件通常用于在某个行被绑定到数据时修改该行的内容 |
| RowCreated | 在 GridView 控件中创建新行时发生。此事件通常用于在创建某个行时修改该行的布局或外观 |
| RowDeleting | 在单击 GridView 控件内某一行的 Delete 按钮时发生,但在 GridView 控件从数据源删除记录之前 |
| SelectedIndexChanging | 在单击 GridView 控件内某一行的 Select 按钮时发生,但在 GridView 控件执行选择操作之前 |

### 7.4.2 GridView 控件应用

GridView 为我们提供了多种数据绑定列类型,如表 7.9 所示。

**表 7.9　GridView 中的列**

| 列 | 说　明 |
|---|---|
| BoundField | 普通绑定列 |

续表

| 列 | 说　明 |
|---|---|
| CheckBoxField | 复选框绑定列 |
| HyperLinkField | 超链接绑定列 |
| ImageField | 图片绑定列 |
| ButtonField | 按钮绑定列 |
| CommandField | 命令绑定列 |
| TemplateField | 自定义模板绑定列 |

这里我们要介绍如何利用 TemplateField 设置 GridView 的外观样式。下面的示例我们要用 GridView 控件显示 Northwind 数据库下的 employees（雇员表）的 EmployeeID、LastName、FirtName、HireDate 字段，要列出所有的员工 ID、员工的姓名（并将姓和名在同一个网格显示）、聘请日期（当我们编辑数据时聘用日期用日历控件显示）。

新建一个页面，在设计示图中为页面添加一个 SqlDataSource 控件，用于为 GridView 控件提供所要显示的数据；新建一个连接，数据源配置选择本地使用 SQL Server 混合验证模式，输入用户名、密码，选择名为 Northwind 的数据库并测试连接；测试连接成功后，保存连接字符串并单击“下一步”按钮，在“指定来自表或视图中”选择 Employees 表，在选择列中选择 LastName，FirstName，Title，HireDate 等字段。单击“高级”，选中“生成 INSERT、UPDATE 和 DELETE 语句”和“使用开放式并发”复选框，然后单击“完成”按钮完成对数据的选择。为页面添加 GridView 控件，在便捷任务面板中，选择 SqlDataSource，然后关闭便捷任务面板，这样就创建了数据绑定控件，并为 GridView 控件设置了自动套用格式。保存并运行，显示如图 7-9 所示。

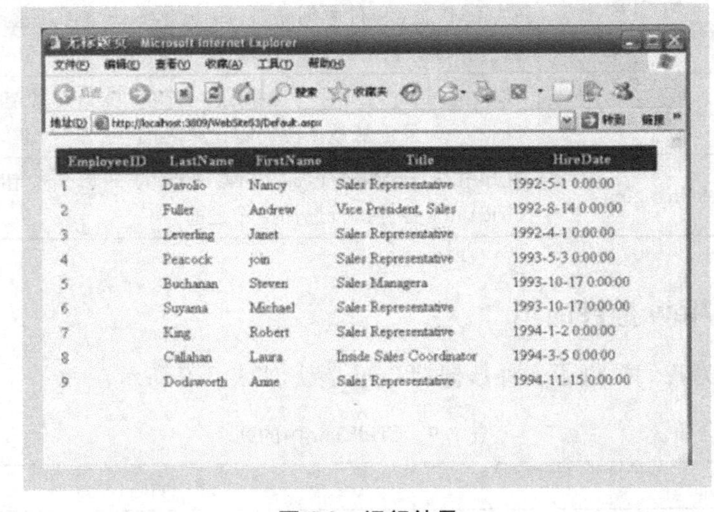

| EmployeeID | LastName | FirstName | Title | HireDate |
|---|---|---|---|---|
| 1 | Davolio | Nancy | Sales Representative | 1992-5-1 0:00:00 |
| 2 | Fuller | Andrew | Vice President, Sales | 1992-8-14 0:00:00 |
| 3 | Leverling | Janet | Sales Representative | 1992-4-1 0:00:00 |
| 4 | Peacock | join | Sales Representative | 1993-5-3 0:00:00 |
| 5 | Buchanan | Steven | Sales Managera | 1993-10-17 0:00:00 |
| 6 | Suyama | Michael | Sales Representative | 1993-10-17 0:00:00 |
| 7 | King | Robert | Sales Representative | 1994-1-2 0:00:00 |
| 8 | Callahan | Laura | Inside Sales Coordinator | 1994-3-5 0:00:00 |
| 9 | Dodsworth | Anne | Sales Representative | 1994-11-15 0:00:00 |

图 7-9　运行结果

HTML 代码如下：

```
<%@ Page Language="C#" AutoEventWireup=
"true" CodeFile="Default.aspx.cs" Inherits="_Default" %>

    <!DOCTYPE html PUBLIC "-//W3C//DTD XHTML 1.0 Transitional//EN" "http://www.
w3.org/TR/xhtml1/DTD/xhtml1-transitional.dtd">

    <html xmlns="http://www.w3.org/1999/xhtml" >
    <head runat="server">
    <title>无标题页</title>
</head>
<body>
    <form id="form1" runat="server">
    <div>
    <asp:SqlDataSource ID="SqlDataSource1" runat="server" ConflictDetection="Compare-
AllValues"
    ConnectionString="<%$ ConnectionStrings:NorthwindConnectionString %>" DeleteCom-
mand=
      "DELETE FROM [Employees] WHERE [EmployeeID] =
      @original_EmployeeID AND [LastName] =
      @original_LastName AND [FirstName] =
      @original_FirstName AND [Title] =
      @original_Title AND [HireDate] = @original_HireDate"
    InsertCommand="INSERT INTO [Employees] ([LastName], [FirstName], [Title], [Hire-
Date]) VALUES (@LastName, @FirstName, @Title, @HireDate)"
  OldValuesParameterFormatString="original_{0}"
  SelectCommand="SELECT [EmployeeID], [LastName], [FirstName], [Title], [HireDate]
FROM [Employees]"

    UpdateCommand="UPDATE [Employees] SET [LastName] =
    @LastName, [FirstName] = @FirstName, [Title] =
    @Title, [HireDate] = @HireDate WHERE [EmployeeID] =
    @original_EmployeeID AND [LastName] =
    @original_LastName AND [FirstName] =
    @original_FirstName AND [Title] =
    @original_Title AND [HireDate] = @original_HireDate">
    <DeleteParameters>
        <asp:Parameter Name="original_EmployeeID" Type="Int32" />
        <asp:Parameter Name="original_LastName" Type="String" />
        <asp:Parameter Name="original_FirstName" Type="String" />
        <asp:Parameter Name="original_Title" Type="String" />
```

```
            <asp:Parameter Name="original_HireDate" Type="DateTime" />
        </DeleteParameters>
        <UpdateParameters>
            <asp:Parameter Name="LastName" Type="String" />
            <asp:Parameter Name="FirstName" Type="String" />
            <asp:Parameter Name="Title" Type="String" />
            <asp:Parameter Name="HireDate" Type="DateTime" />
            <asp:Parameter Name="original_EmployeeID" Type="Int32" />
            <asp:Parameter Name="original_LastName" Type="String" />
            <asp:Parameter Name="original_FirstName" Type="String" />
            <asp:Parameter Name="original_Title" Type="String" />
            <asp:Parameter Name="original_HireDate" Type="DateTime" />
        </UpdateParameters>
        <InsertParameters>
            <asp:Parameter Name="LastName" Type="String" />
            <asp:Parameter Name="FirstName" Type="String" />
            <asp:Parameter Name="Title" Type="String" />
            <asp:Parameter Name="HireDate" Type="DateTime" />
        </InsertParameters>
    </asp:SqlDataSource>

    </div>
        <asp:GridView ID="GridView1" runat="server" AutoGenerateColumns="False"
CellPadding="4" DataKeyNames="EmployeeID" DataSourceID="SqlDataSource1" ForeColor="#
333333" GridLines="None" Width="640px">
        <FooterStyle BackColor="#990000" Font-Bold="True" ForeColor="White" />
        <Columns>
            <asp:BoundField DataField="EmployeeID" HeaderText="EmployeeID" InsertVisible
="False" ReadOnly="True" SortExpression="EmployeeID" />
            <asp:BoundField DataField="LastName" HeaderText="LastName" SortExpression="
LastName" />
            <asp:BoundField DataField="FirstName" HeaderText="FirstName" SortExpression="
FirstName" />
        V<asp:BoundField DataField="Title" HeaderText="Title" SortExpression="Title" />
            <asp:BoundField DataField="HireDate" HeaderText="HireDate" SortExpression="
HireDate" />
        </Columns>
        <RowStyle BackColor="#FFFBD6" ForeColor="#333333" />
        <SelectedRowStyle BackColor="#FFCC66" Font-Bold="True" Fore
        Color="Navy" />
        <PagerStyle BackColor="#FFCC66" ForeColor="#333333" Horizontal
        Align="Center" />
```

```
    <HeaderStyle BackColor="#990000" Font-Bold="True" ForeColor="White" />
    <AlternatingRowStyle BackColor="White" />
</asp:GridView>
</form>
</body>
</html>
```

目前,每名员工的姓和名展示在不同列中。我们也可以在一个列中同时显示姓和名。在此,我们需要使用 TemplateField 编辑模板。点击编辑栏的连接 GridView 的智能标签,选择编辑列选项,选择 BoundField 属性下面的"将此字段转换为 TemplateField"选项,如图 7-10 所示。

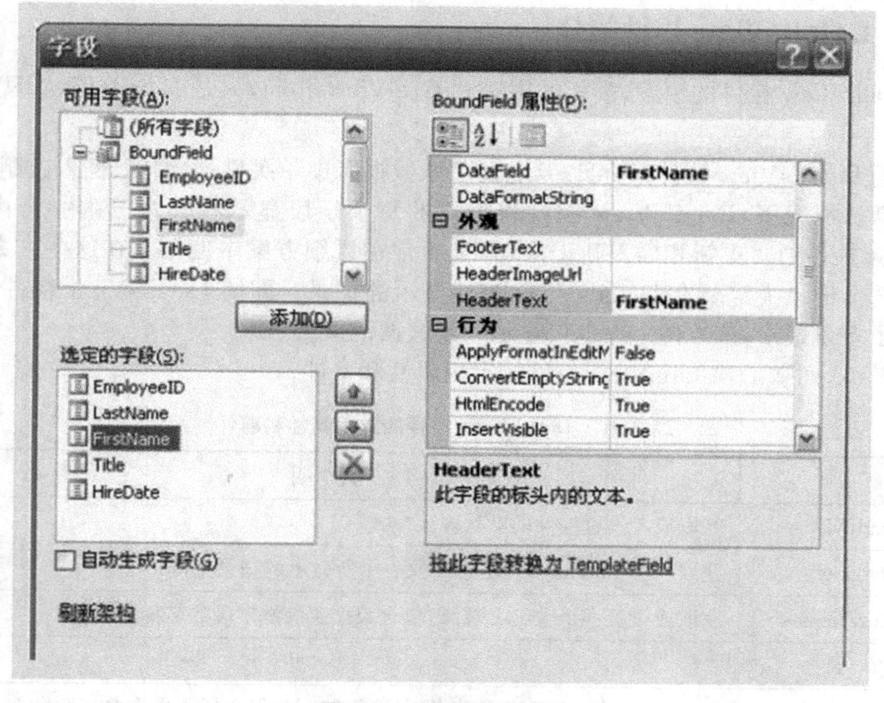


图 7-10　编辑列对话框

这时我们在设计视图中发现并没有什么改变,实际上 TemplateField 已经为 FirstName 字段默认设置了 EditItemTemplate 编辑模板和 ItemTemplate 自定义普通模板,并代替了原来的代码,新的代码如下:

```
<asp:TemplateField HeaderText="FirstName" SortExpression="FirstName">
<EditItemTemplate>
<asp:TextBox ID="TextBox1" runat="server" Text='<%#
Bind("FirstName") %>'></asp:TextBox>
</EditItemTemplate>
<ItemTemplate>
<asp:Label ID="Label1" runat="server" Text='<%# Bind
```

```
("FirstName") %>'></asp:Label>
</ItemTemplate>
</asp:TemplateField>
```

TemplateField 分为两个模板：ItemTemplate 自定义普通模板用 Lable 标签显示数据字段 FirstName，EditItemTemplate 编辑模板用 textbox 文本框显示数据字段 FirstName。大家可以看到在两个模板中都有“<%#Bind("FirstName")%>”语句，用来指定要绑定的数据字段，我们绑定的字段都为 FirstName。

## 7.5 DetailsView 控件

### 7.5.1 DetailsView 控件简介

DetailsView 控件的字段、模板的用法和 GridView 相同，只是 DetailsView 只显示一条数据。

使用 DetailsView 控件，你可以从它的关联数据源中一次显示、编辑、插入或删除一条记录。默认情况下，DetailsView 控件将记录的每个字段显示在它自己的一行内。DetailsView 控件通常更新和插入新记录，并且通常在详细方案中使用。在这些方案中，主控件的选择记录决定要在 DetailsView 控件显示的记录。即使 DetailsView 控件的数据源公开了多条记录，该控件一次也仅显示一条数据记录。

表 7.10 列举了 DetailsView 控件的常用属性和事件。

**表 7.10 DetailsView 控件的常用属性和事件**

| 属　性 | 说　明 |
| --- | --- |
| DefaultMode | 获取或者设置控件的默认输入模式 |
| Datakey | 获取一个 Datakey 对象，该对象表示所显示的记录主键 |
| DatakeyNames | 获取或设置一个数组，该数组包含数据源的键字段的名称 |
| 事　件 | 说　明 |
| ItemInserting | 在单击 DetailsView 控件中的“插入”按钮时，但在插入操作之前发生 |
| ItemDeleting | 在单击 DetailsView 控件中的“删除”按钮时，但在删除操作之前发生 |
| ItemUpdating | 在单击 DetailsView 控件中的“更新”按钮时，但在更新操作之前发生 |
| ModeChanging | 在 DetailsView 控件试图在编辑、插入和只读模式之间更改时，但在更新 CurrentMode 属性之前发生 |

### 7.5.2 DetailsView 控件应用

可以通过 DetailsView 控件的 DataSourceID 属性指定数据源控件 ID 进行数据绑定，还可以使用 DataSource 属性进行数据绑定。

新建一个页面，在页面中添加一个 DetailsView 控件，编写后台代码，为 DetailsView

绑定数据，代码与前面介绍的控件类似。进入设计视图，编辑 DetailsView 的字段，如图 7-11 所示。

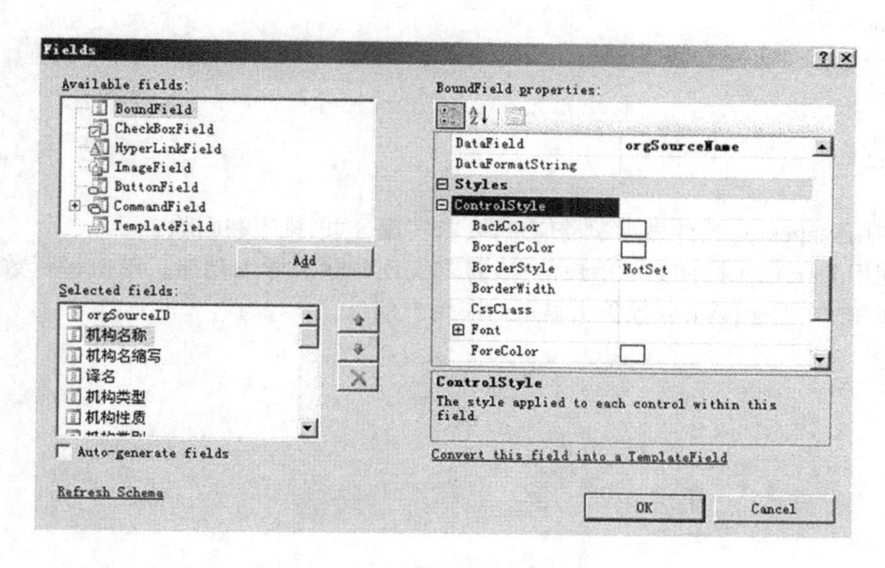


图 7-11　编辑 DetailsView 的字段

选择一个自动格式，查看代码视图，生成的代码如下：

```
<form id="form1" runat="server">
<div>
    <asp:DetailsView ID="DetailsView1" ruant="server"
Height="50px" width="179px"
        DataSourceID="ObjectDataSource1" AutoGenerateRows="False"
        BackColor="#DEBA84" BorderColor="#DEBA84" BorderStyle="None"
        BorderWidth="1px" CellPadding="3" CellSpacing="2">
<FooterStyle BackColor="#F7DFB5" ForeColor="#8C4510" />
<RowStyle BackColor="#FFF7E7" ForeColor="#8C4510" />
<PagerStyle ForeColor="#8C4510" HorizontalAlign="Center" />

<Filds>
   <asp:BoundField DataField="empId" HeaderText="员工编号" />
   <asp:BoundField DataField="empId" HeaderText="姓名" />
   <asp:BoundField DataField="empId" HeaderText="性别" />
   <asp:BoundField DataField="empId" HeaderText="年龄" />
   <asp:BoundField DataField="empId" HeaderText="电子邮箱" />
   <asp:BoundField DataField="empId" HeaderText="地址" />
</Fields>
  <HeaderStyle BackColor="#A55129" Font-Bold="True">
        ForeColor="White" />
   <EditRowStyle BackColor="#738A9C" Font-Bold="True"
```

```
        ForeColor="White" />
    </asp:DetailsView>
  </div>
  </form>
```

# 作　业

1.使用 Repeater 控件显示学员信息，要求实现分页、排序和删除。

2.使用 DataList 控件显示用户信息，要求实现删除和详细功能。单击每行数据上的“详细”功能，在 DetilsView 控件中显示对应用户信息。

# 第 8 章 HttpModule 与 HttpHandler

**学习目标**

- 了解 ASP.NET 的内部运行机制
- 了解什么是 HttpModule
- 了解什么是 HttpHandler
- 掌握利用 HttpHandler 实现防盗链技术

HttpModule 和 HttpHandler 是 ASP.NET 在处理 HTTP 请求时的两个核心处理机制。ASP.NET 中一个 HTTP 请求在被 ASP.NET Framework 捕获之后会依次交给 HttpModule 以及 HttpHandler 来处理。

HttpModule：当一个 HTTP 请求被送入 HttpModule 时，整个 ASP.NET Framework 系统还没有对这个 HTTP 请求做任何处理，也就是说此时对于 HTTP 请求来讲，HttpModule 是一个 HTTP 请求的“必经之路”，所以可以在这个 HTTP 请求传递到真正的请求处理中心(HttpHandler)之前附加一些需要的信息在这个 HTTP 请求信息之上，或者针对截获的这个 HTTP 请求信息做一些额外的工作，或者在某些情况下干脆终止满足一些条件的 HTTP 请求，从而可以起到一个过滤器(filter)的作用。

HttpHandler：HttpHandler 是一个 HTTP 请求的真正处理中心，也正是在这个 HttpHandler 容器中，ASP.NET Framework 才真正地对客户端请求的服务器页面做出编译和执行，并将处理过后的信息附加在 HTTP 请求信息流中再次返回到 HttpModule 中。在 HttpModule 中则会继续对处理完毕的 HTTP 请求信息进行层层转交，直到返回到客户端位置。

## 8.1 HttpModule 概述

在 ASP.NET 中，HttpModule 是实现了 IHttpModule 接口的程序集。IHttpModule 接口本身并没有什么好大写特写的，由它的名字可以看出，它不过是一个普普通通的接口而已。实际上，我们关心的是实现了这些接口的类。如果我们也编写代码实现了这个接口，那么有什么用途呢？一般来说，我们可以将 ASP.NET 中的事件分成三个级别，最顶层是应用程序级事件，其次是页面级事件，最下面是控件级事件，事件的触发分别与应用程序周期、页面周期、控件周期紧密相关。而 HttpModule 的作用是与应用程序事件密切相关的。

我们通过 HttpModule 在 HTTP 请求管道(pipeline)中注册期望对应用程序事件做

出反应的方法，在相应的事件触发的时候（比如说 BeginRequest 事件，它在应用程序收到一个 HTTP 请求并即将对其进行处理时触发），便会调用 HttpModule 注册了的方法，实际的工作在这些方法中执行。ASP.NET 本身已经有很多的 HttpModule，其中包括表单验证 Module（FormsAuthenticationModule）、Session 状态 Module（SessionStateModule）、输出缓存 Module（OutputCacheModule）等。

首先，我们来创建一个 HttpModule。右击项目，在弹出的右键菜单中选择信件，在弹出的新建对话框中选择“ASP.NET 模块 Module”，如图 8-1 所示。

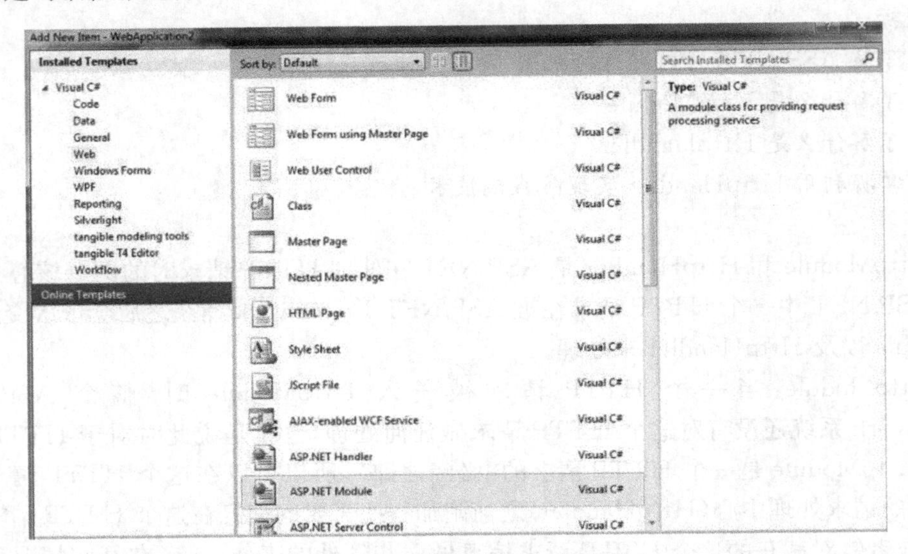


**图 8-1　创建 HttpModule 的应用**

完成添加后的代码如下所示：

```
public class AuthModule:IHttpModule
{
    public void Dispose()
    {
    //此处放置清除代码
    }

    public void Init(HttpApplication context)
    {

    }
}
```

此时你会发现 HttpModule 就是一个继承了 IHttpModule 的类而已。如果要让 HttpModule 起作用，还要在 Web.config 中进行配置才行：

```
<httpModules>
    <add name="WebAuthModule" type="Charpter8.AuthModule,CHarpter8"/>
</httpModules>
```

至此，我们完成了 HttpModule 的所有基础工作，但还不能直接看到它的作用。因为我们没有在类 AuthModule 中编写任何业务代码。为了查看 HttpModule 的作用，首先我们修改 AuthModule，代码如下：

```
public class AuthModule:IHttpModule
{
    public void Dispose()
    {
    //此处放置清除代码
    }

public void Init(HttpApplication context)
{
    context.AcquireRequestState+=new EventHandler(
        context_AcquireRequestState);
}


void context_AcquireRequestState(object sender, EvenArgs e)
{
    HttpApplication context=sender as HttpApplication;
    Context.Response.Write("权限验证模块——检测用户是否可以访问当前资源");
}
}
```

然后添加一个 Login.aspx 页面，并且不在页面中添加任何额外的业务代码，添加完毕后直接在浏览器中运行该页面，此时你会发现在页面上默认已经打印了 AuthModule 语句。

需要注意的是，HttpModule 不仅会拦截.aspx 页面，还会拦截图片、.css、.js 等所有用户请求的文件。因此我们在编码时一定要根据自己的实际业务进行有效的拦截过滤。

## 8.2　HttpModule 应用

HttpModule 的应用很广泛，诸如 SQL 注入，权限验证，压缩 CSS、JavaScript、HTML 等响应内容，URL 重写，等等。IHttpModule 接口中包含一个名称为 Init 的方法，该方法的作用是初始化模块，并使其为处理请求做好准备。该方法为 HttpApplication 类型的 context 参数提供了一系列的事件，在请求的不同阶段被触发。同时 HttpApplication 还以属性的方式提供了对 Response，Request，Server，Session，Application 等内置对象的访问。HttpApplication 常用事件说明见表 8.1。

表 8.1　HttpApplication 常用事件说明

| 事　件 | 说　明 |
| --- | --- |
| BeginRequest | 在 ASP.NET 响应请求时作为 HTTP 执行管线链中的第一个事件发生 |
| AuthenticateRequest | 当安全模块已建立用户标识时发生 |
| PostAuthenticateRequest | 当安全模块已建立用户标识时发生 |
| AcquireRequestState | 当 ASP.NET 获取与当前请求关联的当前状态(如会话状态)时发生 |
| EndRequest | 在 ASP.NET 响应请求时作为 HTTP 执行管线链中的最后一个事件发生 |

我们接下来以权限验证为例对 HttpModule 进行详细介绍。执行的业务逻辑为：首先过滤登录 login.aspx 外的所有.aspx 页面，其次判断用户是否已经登录，未登录跳转至登录页面，最后从 session 中获取用户名，判断该用户是否可以访问当前页面。AuthModule 中的代码如下：

```
<%@ WebHandler Language="C#" Class="Handler"%>
using System;
using System.web;

public class Handler:IHttpHandler
{
    public void processRequest (HttpContext context)
    {
        context.Response.ContentType="tet/plaion";
        context.Response.Write("hello world");
    }
    public bool IsReusable
    {
        get
        {
            return false;
                }

    }
}
Public void Init(HttpApplication context)
{
    context.AcquireRequestState+=new EventHandler(
        context_AcquireRequestState);
}

void context_AcquireRequestState(object sender,EventArgs e)
```

```
{
    HttpApplication context=sender as HttpApplication;
    //获取用户请求的资源路径
    string path=context.Request.Path;
    //只过滤用户请求的.aspx文件,并派生登录页面
    if (path.ToLower().EndsWith(".aspx")&&!path.ToLower()
    .Contains("login.aspx"))
    {
        //从 Session 中获取登录用户
        if(context.Session["LoginUser"] !=null)
        {
            string loginUserName=context.Session["LoginUser"].
ToString();
            //监测用户是否可以访问制定的页面
            if(CheckUserHasPageRight(loginUserName, path)==false)
            {
                context.Response.write("您无权访问该页面");
                context.Response.End();
            }
        }
        else
        {
            context.Response.Redirect("~/Login.aspx");
        }
    }
}
```

## 8.3 HttpHandler 概述

在 ASP.NET 中我们可以很方便地创建 HttpHandler 的应用。我们在“NewItem”中选择“GenericHandler”,HttpHandler 程序以.ashx 为后缀,默认生成如下代码:

```
<%@ WebHandler Language="C#" Class="Handler"%>
using System;
using System.web;

public class Handler:IHttpHandler
{
    public void processRequest (HttpContext context){
        context.Response.ContentType="text/plain";
        context.Response.Write("hello world");
    }
```

```
        public bool IsReusable{
            get
            {
                return false;
            }
        }
    }
```

以上代码中的 WebHandler 指令用来标记该处理程序的语言和类的名称。

HttpHandler 程序可以像页面一样直接访问，浏览前面我们新建的 HttpHandler 程序将显示“hello world”。

HttpHandler 可以处理请求(Request)的信息和发送响应(Response)。HttpHandler 功能的实现是通过实现 IHttpHandler 接口。实际上，我们在编写 ASP.NET 页面时，ASP.NET 页面所继承的基类 System.Web.UI.Page 也实现了 IHttpHandler 接口，也就是一个 HttpHandler。事实上，在 Page 对象中有个 HttpContext 实例：Context 对象。

HttpHandler 必须实现 IHttpHandler 接口，任何实现了该接口的类都可以用于处理输出的 HTTP 请求。接口声明代码如下所示：

```
interface IHttpHandler
{
    void ProcessRequest(HttpContext context);
    bool IsReuseable{get;}
}
```

- IsReusable 用于设置是否可以使用 IHttpHandler 实例。
- ProcessRequest 方法是整个 HTTP 请求最终的处理方法，该方法需要一个 HttpContext 类型的参数。我们可以将 HttpContext 称为上下文，它封装了有关个别 HTTP 请求的特定信息。在这里，HttpContext 被用于在不同的 HttpModule 和 HttpHandler 之间传递数据，也可以用于保持某个完整请求的相应信息。

## 8.4 HttpHandler 应用

### 8.4.1 利用 HttpHandler 提示“站点维护中”

前面我们新建的 HttpHandler 处理程序可以向客户端输出“hello world”。本节我们利用一个自定义 HttpHandler 来实现无论访问站点的哪个页面都输出“站点维护中”。

首先创建一个实现了 IHttpHandler 接口的类 MyHandler，在默认情况下，该类添加在 App_Code 目录下，MyHandler.cs 代码如下所示：

```
using System;
using System.Collections.Generic;
using System.Linq;
```

```
using System. Web;

///<summary>
///Summary description for MyHandler
///</summary>
public class MyHandler: IHttpHandler
{
    public MyHandler()
    {
    }
    public void ProcessRequest(HttpContext context)
    {
        context. Response. ContentType="Text/plain";
        context. Response. Write("站点维护中");
    }
    public bool IsReusable
    {
        get
            {
                return false;
            }
    }
}
```

创建好 HttpHandler 类后，再到配置文件中稍作配置就能实现在访问每个 ASP.NET 页面时都输出“站点维护中”。

修改 Web.config，添加如下配置：

```
<configuration>
    <System. web>
        <httpHandlers>
            <add verb=" * " path=" * . aspx" type="MyHandler" />
        </httpHandlers>
    </System. web>
</configuration>
```

配置文件中的选项说明：

• verb 可以是“GET”或“POST”，表示对 get 或 post 的请求进行处理。“ * ”表示对所有请求进行处理。

• path 指明对相应的文件进行处理，“ *.aspx”表示对发给所有.aspx 页面的请求进行处理。可以指明路径，如“/test/ *.aspx”，表明只对 test 目录下的.aspx 文件进行处理。

• type 指定类和程序集，类和程序集用逗号分开。属性中，逗号前的字符串指明 HttpHandler 的实现类的类名，后面的字符串指明 DLL 文件的名称。

我们前面的配置可以理解为:使用 MyHandler 类处理所有.aspx 资源的请求,且请求方式不定。

### 8.4.2 利用 HttpHandler 实现防盗链

有时我们需要防止其他网站盗链我们站点重点的资源,就需要使用防盗链。在 ASP.NET 中可以方便地实现该功能。

下面我们做一个简单的图片防盗示例。在站点中新建一个 img 文件夹,包含两张 JPG 图片,一张正常图片 show.jpg,一张用于提示非法盗链的图片 error.jpg。在 Default.aspx 中使用 img 标签显示 show.jpg。

新建一个实现了 IHttpHandler 接口的类 JpgHttpHandler,重写 IHttpHandler 的 ProcessRequest 方法代码,如下所示:

```
public void processRequest(HttpContext context)
{
    //获取文件服务器端物理路径
    string FileName=context.Server.MapPath(context.Request.FilePath);
    //如果 UrlReferrer 为空,则显示一张默认的禁止盗链的图片
    if(context.Request.UrlReferrer==null)
    {
        context.Response.ContentType="image/JPEG";
        context.Response.WriteFile("~/img/error.jpg");
    }
    else
    {
        //如果 UrlReferrer 中包含主机名,正确显示
        if(context.Request.UrlReferrer.Host.IndexOf("localhost")>-1)
        {
            context.Response.ContentType="image/JPG";
            context.Response.WriteFile(FileName);
        }
        else//否则,显示一张默认的禁止盗链的图片
        {
            context.Response.ContentType="image/JPEG";
            context.Response.WriteFile("~/img/error.jpg");
        }
    }
}
```

该文件用于接管 HTTP 请求 JPG 格式的图片。如果是从主机 localhost 访问的,则允许,否则显示错误的图片。这里要实现防盗链还需要在 Web.config 文件的<httpHandlers>节点中添加 HttpHandler 节点,如下所示:

```
<add path=" * .jpg" verb=" * " type="JpgHandler"/>
```

采用这种方式防盗链，在开发服务器上运行时，没有问题。但如果将站点发布在IIS上运行将没有任何效果，这并不是因为我们的程序和IIS产生了冲突，而是因为：

• 开发服务器只能提供最简单的Web服务器功能，它不对请求的内容做任何处理，而是直接将所有的请求转交给ASP.NET处理。

• IIS是一个比较完善且功能强大的Web服务器，所有提交给IIS的请求，会在IIS上做一个分类处理，所依据的原则就是后缀名。默认情况下，.html、.jpg等静态格式的文件，IIS会处理，直接将结果返回。只有当后缀名符合相关条件时（如.aspx），才将请求转交给ASP.NET进行处理。

所以，不是我们的程序和IIS有冲突，而是IIS根本没把请求提交给ASP.NET，这样我们编写的HttpHandler处理程序就不会执行。如果想要.jpg文件也被ASP.NET处理，我们需要在IIS上做如下处理：

（1）打开IIS控制台管理程序，选中我们发布的站点目录，打开它的属性对话框。

（2）单击“配置”按钮，打开“应用程序配置”对话框，再单击“添加”按钮，打开“添加/编辑应用程序扩展名映射”对话框。

（3）在“添加/编辑应用程序扩展名映射”中添加.jpg后缀的请求，交给aspnet_isapi.dll处理。

（4）设置完成后，可能需要重新启动IIS才能生效。使用IP访问我们发布的站点页面，发现防盗链成功。

添加.jpg后缀的请求，交给aspnet_isapi.dll处理，这样我们自己写的一半处理程序Handler.ashx就有效果了。也许有人会问，我们不是在Web. config中写了这样一个配置吗？为什么没有作用？这是由于IIS对.jpg后缀的请求直接就加载图片返回了，这里并不会使用aspnet_isapi.dll处理，所以也就不能到达HttpHandler中进行处理。但当我们在IIS中配置后，即可实现了。

这个办法的缺点就是会降低系统的性能，开发时需注意实际情况。

# 作　业

1.请通过HttpHandler实现网站图片防盗链效果。

2.使用HttpModule实现防止SQL注入功能（判断用户以get或post提交的数据中是否包含insert、update、delete、create、drop、truncate、alter、select即可）。

3.利用HttpHandler技术实现图片添加水印。

4.创建一个ASP.NET应用程序，实现验证码刷新更换功能。当用户看不到验证码或验证码输入错误时，需要重新加载新的验证码。

# 上　机　部　分

# 上机 1　ASP.NET 简介

**上机任务**

- 任务 1　完成学生学籍信息录入功能
- 任务 2　完成学生学籍列表查询功能
- 任务 3　根据多项查询条件查看学生学籍列表功能
- 任务 4　在 IIS 上发布和访问站点

## 第 1 阶段　指导

### 指导 1　完成学生学籍信息录入功能

完成本任务所用到的主要知识点：

- 使用 SQL Server 设计数据库。
- 使用 ASP.NET 中的 TextBox，Button，RadioButton 控件。
- 掌握如何在页面弹出 JavaScript 对话框。
- 在配置文件中配置连接字符串。
- 使用 ADO.NET 访问数据库。

**问题**

制作学生学籍录入页面。

**分析**

通过接触的录入界面原型分析，我们可以获取如下信息：

- 通过对界面原型中数据项的分析，可以获取学籍信息表中主要的数据字段。
- 对于界面运行而言，在布局方面采用表格布局(table)较为简单合理。
- 对于界面呈现效果，宜采用外部 CSS 来控制界面外观，同时达到外观和结构的分离。
- 对于可供用户输入的控件可以采用 TextBox，RadioButton，Button 等。

**解决方案**

(1)制作一个数据库 StuDB，并新建一个 TblStudent 表，字段见表上机 1.1。

表上机 1.1　TblStudent 表

| 字段名 | 数据类型 | 约　束 | 描　述 |
| --- | --- | --- | --- |
| intId | Int | 主键，自动标识列 | 学生编号 |

续表

| 字段名 | 数据类型 | 约　束 | 描　述 |
|---|---|---|---|
| chvName | Varchar(20) | 非空 | 学生姓名 |
| chvNumber | Varchar(30) | 非空,唯一 | 学生学号 |
| dtmBirthday | Datetime | 可以为空 | 出生日期 |
| intGender | Int | 为空,默认为“1” | 性别(1 男 2 女) |
| chvAddress | Varchar | 可以为空 | 家庭地址 |

(2)网页的 HTML 源码如下:

```
<table class="tablelayout">
<caption>学生学籍录入系统</caption>
<tr>
    <td class="title">学生姓名:</td>
    <td class="content">
        <asp:TextBox ID="txtName" runat="server" MaxLength="20"/>
    </td>
</tr>
<tr>
    <td class="title">学生学号:</td>
    <td class="content">
        <asp:TextBox ID="txtNumber" runat="server" MaxLength="30">
    </td>
</tr>
<tr>
    <td class="title">出生日期:</td>
    </td>
</tr>
<tr>
    <td class="title">学生性别:</td>
    <td class="content">
        <asp:RadioButton ID="radioMale" Text="男" runat="server"
            GroupName="gender"/>  
        <asp:RadioButton ID="RadioFemale" Text="女" runat="server"
            GroupName="gender"/>
</td>
</tr>
<tr>
    <td class="title">家庭地址:</td>
    <td class="content">
        <asp:TextBox ID="txtAddress" width="300px" runat="server"
            Maxlength="50"/>
```

```
    </td>
  </tr>
  <tr>
    <td class="title"></td>
    <td class="content">
          <asp:Button Text="保存学籍" runat=
                "server"  onclick="Unnamedl_Click"/>
    </td>
  </tr>
  </table>
```

(3)从界面原型不难发现,与表格相关的样式主要有三大块:表头、左侧文本列、右侧文本列。统一的 CSS 样式代码如下:

```
<style type="text/css">
body{font-size:12px;}
.tablelayout{width:100%;}
.tablelayout caption
{
    font-size:16px;
    font-weight:bold;
    line-height:50px;
    text-align:left;
    padding-left:15px;
    border-bottom:1px #aaccff solid;
}
.tablelayout tr{height:30px;}
.tablelayout td.title
{
    text-align:right;
    padding-right:10px;
    font-weight:hold;
    width:35%;
}
.tablelayout.td.content
{
    text-align:left;
    padding:0px 8px;
    width:65%;
}
</style>
```

(4)双击"保存学籍"按钮,进入后台代码文件。首先判断学生姓名、学生学号是否非空，出生日期是否有效。如果未通过验证，可以通过下面两种方式向前台页面弹出 JavaScript 消息提示对话框（推荐使用方式 2）。

方式 1：

```
Response.Write("<script>alert('学生姓名不能为空');</script>");
```

方式 2：

```
Page.ClientScript.RegisterClientScriptBlock(typeof(InsertStudet),
"ValidateError","<script>alert('学生姓名不能为空');</script>");
```

(5)将数据库连接字符串保存到 Web.config 文件中。注意数据库连接字符串一定要配置到 configuration 根节点下面的 connectionStrings 子节点中。

```
<configuration>
<connetionStrings>
    <add name="StuDBConnection"
connectionString="server=.;database=StuDB;uid=sa;pwd=123456;"/>
</connectionStrings>
... ...
</configuration>
```

(6)通过下面的代码从配置文件中读取数据库连接字符串：

```
//从 Web.config 中读取数据库连接字符串
string connectionString=System.Configuration.ConfigurationManager
    .ConnectionStrings["StuDBConnection"].ConnectionString;
```

(7)最后利用 ADO.NET 将学生信息保存到数据中。

## 指导 2　完成学生学籍列表查询功能

完成本任务所用到的主要知识点：

- 使用 ADO.NET 操作数据库。
- 掌握在.aspx 页面中内嵌 C#代码。

**问题**

因为之前我们没有接触过任何数据控件，所以我们利用 ADO.NET 将所有的学生学籍从数据库中查询出来后，如何显示到页面中成为一个难点。

**分析**

.aspx 文件的代码后置功能的原理是将一个页面拆分为页面结构(.aspx 文件)和代码逻辑(.cs 文件)两部分，但在编译后的运行阶段，两者最终仍会合并成为一个文件。所以我们在.cs 文件中定义的变量，从原理上讲应该也能够在.aspx 文件夹中被访问。

**解决方案**

(1)在后台代码文件中定义一个非私有的变量(protected DataTable stuTable)。

(2)在 Page_Load 事件中添加查询学籍列表的代码，示例代码如下：

```
//定义非私有的全局变量,以便在.aspx页面中访问该变量
protected DataTable stuTable;

protected void Page_Load(object sender, EventArgs e)
{
//从Web.config中读取数据库连接字符串
string connectionString=System.Configuration.
ConfigurationManager.ConnectionStrings("StuDBConnection").ConnectionString;
    String sql="select * from TblStudent";

DataSet ds=
SqlHelper.ExecuteDataset(connectionString, CommandType.Text, sql);
// 为全局变量 stuTable 赋值
stuTable=ds.Tables[0];
}
```

(3)前台.aspx文件代码如下:

```
<%@ Page Language="C#" AutoEventWireup=
"ture" CodeBehind="StudentLost.aspx.cs"
Inherits="Charpterl.Practice.StudentList"%>
<!DOCTORYPE html PUBLIC"-//W3C//DTD XHTML 1.0 Transitional//EN"
"http://www.w3.org/TR/xhtml1/DTD/xhtml1-transitional.dtd">
<html xmlns="http://www.w3.org/1999/xhtml">
<head runat="server">
<title></title>
<style type="text/css">

body{font-size:12px;}
.datatable
{
    border-collapse:collapse;
}
.datatable tr
{


}
.datatable thead th
{
    padding:5px 5px;
    border:1px solid black;
    background-color:#aaccff;
    font-weight:bold;
```

```
        font-size;13px;
        text－align:center;
    }
    .datatable tbody td
    {
        padding:5px 5px;
        border:1px solid black;
    }
    </style>
    </head>
    <body>
    <from id="from1" runat="server">
    <div>
        <table class="datatable">
            <thead>
                <tr>
                    <th>学生学号</th>
                    <th>学生姓名</th>
                    <th>出生日期</th>
                    <th>学生性别</th>
                    <th>家庭地址</th>
                </tr>
</thead>
            <tbody>
                <% foreach (System.Data.DataRow row in stuTable.Rows){%>
                  <tr>
                      <td>
                          <%=row["chvNumber"]%>
                      </td>
                      <td>
                          <%= row["chvName"]%>
                      </td>
                      <td>
                        <% if (Convert.ToInt32(row["intGender"])==1){%>
                        男
                        <%}
                            else
{ %>
                        女
                        < %}%>
                      </td>
                      <td>
```

```
                    <%=row["dtmBirthday"]%>
                </td>
                <td>
                    <%=row["chvAddress"]%>
                </td>
            </tr>
            <%}%>
        </tbody>
    </table>
  </div>
  </from>
</body>
</html>
```

# 第 2 阶段　练习

## 练习 1　根据多项查询条件查看学生学籍列表功能

**问题**

为该模块添加如下查询条件：

- 能够根据学生姓名进行模糊查询。
- 能够根据学生学号进行准确查询。
- 上述查询条件可以任意组合。

## 练习 2　在 IIS 上发布和访问站点

**问题**

在 IIS 上发布我们创建的站点，并测试这几个模块是否正常。

# 上机 2　ASP.NET 系统对象(1)

**上机任务**

- 任务 1　设计并完成祝福生成程序
- 任务 2　完成论坛发帖功能
- 任务 3　QA 系统之填写工作日志
- 任务 4　QA 系统之填写工作日志增强版

## 第 1 阶段　指导

### 指导 1　设计并完成祝福生成程序

完成本任务所用到的主要知识点：

- 使用 ASP.NET 中的 TextBox，Label，Button 控件。
- 生成带参数的 URL。
- 使用 Request.QueryString 获取 URL 中的参数。
- 使用 Response.Redirect 实现页面跳转。

**问题**

该祝福生成器示例的参考页面如图上机 2-1 所示。使用时只需要在文本框中依次输入您和好友的姓名，然后单击“提交”按钮，最后复制浏览器地址栏中的 URL，把 URL 发送给好友即可。好友把收到的 URL 拷贝到浏览器地址栏，“回车”就能查看到您的祝福。

图上机 2-1　祝福生成器参考页

**分析**

不管是哪位好友接收到 URL 并在地址栏中访问，被访问的页面本身是无法识别到底是谁发送给谁的祝福，除非发送祝福的双方姓名已经包含在 URL 中。所以 URL 中肯定包含了两个参数，一个参数是发送人姓名，另一个参数是接收人姓名。这样我们通过 Request.QueryString 就能得到他们并显示到页面上。在生成祝福时，在按钮的单击事件中获取用户输入的两个名字，然后生成一个如下格式的 URL：

```
BlessPage. aspx?form=yourName&to=friendName
```

**解决方案**

(1)创建一个窗体，用 DockPanel 作为窗体的直接子元素。代码如下：

```
<%@ Page Language="C#" AutoEventwireup="true" CodeBehind
="BlessPage. aspx. cs" Inherits="Charpter2. BlessPage" %>

<!DOCCTYPPE html PUBLIC "..//W3C//DTD//XHTML 1.0 Transitional//EN"


<html xmlns=http://www.w3.org/1999/xhtml
<head ruant="server">
<title></title>
<link href="Content/Base. css" rel="stylesheet" type="text/css"/>
</head>
<body>
<form id="form1" runat="server">
<div class="box">
作业要求:完成中秋祝福生成器.<br />
    <ol>
          <li>在文本框中依次输入您自已的名字和好友的名字</li>
          <li>点击"生成祝福页面"按钮</li>
          <li>从浏览器的地址栏中拷贝地址,发送给好友即可</li>
    </ol>
</div>
<div class="box">
    <div style="text-align:center;for-size:20px;color:#aaccff;">中秋快乐
        </div>
        <div style="line-height:20px;">
              <p>
中秋马上就要到了,在此<asp:Label ID="lblFrom" ruant=
"server" ForeColor="Red" Text="我"></asp:Label>祝
<asp:Label ID="lblTo" ruant=
"server" ForeColor="Red" Text="您"></asp:Label>
中秋快乐,万事如意!
            </p>
```

```
                <p>
祝我们的友谊地久天长!
                </p>
                <p>
感谢的话语省略一万字!
                </p>
            </div>
        </div>
    </div class="box">
请在这里输入您自己的名字:<input type="text" id="txtFrom" name=
                "txtFrom"/>
            <br />
请在这里输入您朋友的名字:<input type="text" id="txtFrom" name=
                "txtTo"/>
            <br />
            <asp:Button ID="btnGenerate" runat="server" Text="生成祝福页面"> onclick="
btnGenerate_Click" />
</div>
    </form>
</body>
</html>
```

(2)后台代码如下所示:

```
protected void Page_Load(object sender, EventArgs e)
{
    //在这个 URL 页面获取参数,用这些参数替换页面中的 Label 标签中的文本
    String from=Request. QueryString["from"];
    String to=Request. QueryString["to"];
    if(!string. IsNullOrEmpty(form)&&!string. IsNullOrEmpty(to))
    {
        this. lblForm. Text=from;
        this. lblTo. Text=to;
    }
}
protected void btnGenerate_Click(object sender, EventArgs e){
    //解题思路:
    //1.获取自己和好友的名字(因为这两个名字是从表单的 input 中获取,所以要使用
    Request. Forms 来获取)
    String from=Request. Form["txtFrom"];
    String to=Request. Form["txtTo"];
    //2.生成一个带有参数的 URL
    String url=string. Format("BlessPage. aspxForm={0}&to={1}", From, to);
```

```
        //3.跳转到这个新的 URL
        Response.Write("复制浏览器地址栏的 URL,发送给你的好友,为他(她)祝福!");
        Response.Redirect(url);
    }
```

## 指导 2　完成论坛发帖功能

完成本任务所用到的主要知识点：

- ASP.NET 中通过 ADO.NET 操作数据库。
- 使用 Server.HtmlEncode 对帖子内容进行编码。
- 在 ASP.NET 中解决用户提交的数据包含脚本代码的问题。

**问题**

该模块包含两个页面:发帖页面和帖子列表页面。发帖时要求包含:发帖人邮箱、内容。帖子列表页面显示所有的帖子。

**分析**

论坛发帖,本身是一个功能较为简单的模块,但有时候用户发表的帖子中包含了特殊的脚本代码,比如包含一段 HTML 代码(<input type="text" value="show dom object"/>)。如果不对这段 HTML 代码进行编码,那么在帖子列表页面将直接呈现一个文本框;如果是一段恶意弹窗的 JavaScript 代码,那么后果会更加糟糕。更糟糕的是如果包含的是一段有攻击性的 SQL 脚本,那么有可能会对数据库造成更加严重的后果。建议学习者课余了解 Web 脚本攻击相关的知识。

恶意弹窗脚本代码如下:

```
<script>
Function showmsg(){
        Alert("我弹,我弹,我弹弹");
}
setInterval(showmsg,500);
</script>
```

**解决方案**

(1)在项目中添加发帖页面 WriteReview.aspx,设计代码如下所示:

```
<%@ Page Language="C#" AutoEventWireup="true" CodeBehind="WriteReview.aspx.cs"
Inherits="Charpter2.WriteReview" %>

<!DOCTPE html PUBLIC "..//W3C//DTD XHTML 1.0 Transitional//EN"
http://www.w3.org/TR/xhtml1/DTD/xhtml1-transitional.dtd>

<html xmlns="http://www.w3.org/TR/xhtml1">
<head runat="server">
<title></title>
    <link href="Content/Base.css" rel="stylesheet" type="text/css"/>
```

```
</head>
<body>
<form id="form1" ruant="server">
<div class="box">
    <table style="width:600px;">
        <tr>
                <td style="width:100px;">用户邮箱:</td>
                <td>
                        <asp:TextBox ID="txtEmail" ruant="server"
Width="200px"><TextBox>
                    </td>
                </tr>
                        <td>帖子内容:</td>
                <td>
<asp:TextBox ID="txtContent" ruant="server"
TextMode="MultiLine" Width="100%" Row="8">
</asp:TextBox>
                    </td>
                    <td></td>
<td>
<asp:Button ID="btnSubmit" ruant="server"
Text="发表"/>
                        </td>
                </tr>
        </table>
    </div>
</form>
</body>
</html>
```

(2)双击发帖按钮,进入后台代码文件,添加代码如下所示:

```
protected void btnSubmit_Click(object sender, EventArgs e)
{
String email = this.txtEmail.Text.Trim();
String content = this.txtContent.Text.Trim();
    If(string.IsNullOrEmpty(email)||string.IsNullOrEmpty(content)

    Page.ClientScript.RegisterClientScriptBlock(typeof
(WriteReview),"DataError","alert('邮箱和内容均不能为空');",true);
        return;
}
String connectionString = ConfigurationManager.ConectionStrings["ReviewDBConnection"].Con-
```

```
nectionString;
    String sql="Insert into TblReview valus(@chvEmail.@ChvContent,@dtmPublishTime)";
    SqlParameter[] parmaters=new SqlParameter[]
    {
        new sqlParameter(@"chvEmail",SqlDbType.NVarChar)
            {Value = email},New sqlParameter(@"chvContent",SqlDbType.NVarChar)
                {Value = content}
            new sqlParameter(@"dmPublishTime",SqlDbType.NVarChar)
                {Value = DateTim.Now},
        }
        nt count= SqlHelper.ExecuteNonQuery(ConnectionString,
    CommandType.Text,sql,parameters);
    if(count > 0)
    {
        Response.Redirect("~/ReviewList.aspx");
    }
    else
    {
        Page.ClienScript.RegisterClientScriptBlock(typeo
        (WriteReview),"DataError","alert('发表帖子失败');",true);
    }
    }
```

(3)添加帖子列表页面 ReviewList.aspx,代码如下:

```
<%@ Page Language="C#" AutoEventWireup="true" CodeBehind=
"ReviewList.aspx.cs" Inherits="Charpter2.WriteReview" %>

<!DOCTPE html PUBLIC "..//W3C//DTD XHTML 1.0 Transitional//EN"
http://www.w3.org/TR/xhtml1/DTD/xhtml1-transitional.dtd>

<html xmlns="http://www.w3.org/1999/xhtml1">
<head runat="server">
<title></title>
    <link href="Content/Base.css" rel="stylesheet" type="text/css"/>
<style type="text/css">
    .reviewItem{
        Line-height:25px;margin:8px 5px;
        Border-bottom:lpx dotted #aacc66;text-indent:2em;
}
</style>
</head>
<body>
```

```
<form id="form1" runat="server">
<div class="box">
<% foreach(System.Data.DataRow row in reviewTabl.Rows)
{%>

<div class="reviewitem">
    <%= row["chvEmail"] %>nbsp;<%=row["chvContent"] %>
</div>

<% } %>
</div>
</form>
</body>
</html>
```

(4)进入 ReviewList.aspx 页面的后台代码文件,添加代码如下:

```
public partial class ReviewList:System.Web.UI.Page
{
    protected DataTable reviewTable;
    protected void Page_Load(object sender, EventArgs e)
    {
        String connectionString = ConfigurationManager.
          ConnectionString["ReviewDBConnection"].ConnectionString;
        String sql="select * from TblReview order bydtmPubishTimeDesc";
        DataSet ds=SqlHelper.ExecuteDataset(connectionString,CommandType.Text,sql);
            reviewTable = ds.Tables[0];
    }
}
```

# 第 2 阶段　练习

## 练习 1　OA 系统之填写工作日志

### 问题

现在越来越多的公司对员工的管理趋于电子化,所以很多 OA 办公系统应运而生。虽然现在 OA 系统众多,但所有的 OA 系统都提供了一个基础的功能模块,即填写工作日志。顾名思义,填写工作日志就是员工每天在下班的时候要将今天的主要工作内容详细地录入到 OA 系统中,以便考勤、绩效等模块使用。请使用 ASP.NET 编写一个填写工作日志的页面,该页面包含的数据项有员工姓名、工作日期、工作明细,其中工作明细可以包含任意多项,如图上机 2-2 所示。

| 员工姓名:张亮 |
| --- |
| 工作日期:2021-06-01 |
| 明细项1:去社保局缴纳3月份社保 |
| 明细项2:统计员工满意度调查 |
| 明细项3:…… |

图上机2-2 工作日志

## 练习2 OA系统之填写工作日志增强版

**问题**

登录后使用Cookie把用户名保存到客户端。在下次打开网页后,自动显示用户名。在理解了邮件批量发送功能后,可能很容易完成上面练习1。现在对练习1进行扩展,要求在填写每一个明显项的同时,再增加一项,即完成进度,如图上机2-3所示。

| 员工姓名:张亮 | |
| --- | --- |
| 工作日期:2021-06-01 | |
| 明细项1:去社保局缴纳3月份社保 | 进度:100% |
| 明细项2:统计员工满意度调查 | 进度:80% |
| 明细项3:…… | 进度:…… |

图上机2-3 工作日志增强版

# 上机 3　ASP.NET 系统对象(2)

**上机任务**

- 任务 1　设计并完成通用弹窗模块
- 任务 2　完成.axpx 页面访问量的统计功能
- 任务 3　投票程序
- 任务 4　猜数字游戏

## 第 1 阶段　指导

### 指导 1　设计并完成通用弹窗模块

完成本任务所用到的主要知识点：

- 使用 ASP.NET 中的 Session 存储数据。
- Page 页面生命周期。
- ASP.NET 页面弹窗。

**问题**

我们经常会在程序的不同页面弹出各种提示对话框，那么如何实现页面跳转后在目标页面也弹出对话框呢？例如：在图书管理系统的新增图书页面，图书新增成功后跳转至图书列表页面，并弹出“新增图片”提示对话框。

**分析**

因为在直接访问被跳转的页面时，不弹出对话框，所以我们不能直接在目标跳转页面内的 Page_Load 事件中间页面注册弹窗的脚本。因为系统中可能有很多跨页面的弹窗情况，所以最好整理成一个通用的函数供调用。

同时，我们知道调用 Page.ClientScript.RegisterClientScriptBlock 函数向页面注册脚本代码，一旦页面跳转，则注册的脚本在目标页面是无效的。

前面我们讲过每个.aspx 页面就是一个 Page 对象，所以我们可以定义一个 BasePage 类，该类继承自 Page 类，在内部定义一个 AlertMessage 的弹窗方法，同时让每个需要弹窗的页面继承这个类，只要页面弹窗，就调用该方法。

通过上面的步骤，我们将弹窗的消息保持到了 Session 中，那什么时候在页面内注册呢？在这里我们必须要解决一个问题，就是页面一旦跳转，在跳转前页面内通过 ClientScript 注册的脚本就失效。所以对于页面跳转的情况，应该在要跳转的目标页面内执行注册的代码。而 Page 本身有生命周期(在页面处理的不同阶段有不同的事件或虚拟方法可提供调用)，其中 OnPreRenderComplete 是在页面渲染完毕时执行的虚方法，该方法任何页面都会执行它，所以我们在调用弹窗的方法后，直接调用 Response.Redirect 跳转页面，那么前一个页面 OnPreRenderComplete 就不会执行，但后一个目标页面的 OnPreRenderComplete 肯定会执行。因此，我们在 OnPreRenderComplete 中完成注册脚本的代码即可。

**解决方案**

(1)设计 BasePage 类。定义弹窗函数，并重写 OnPreRenderComplete 方法。代码如下所示：

```
public class BasePage : Page
{
protected void AlertMessage(string message)
{
    Session.Add("Alert-Message", message);
}
protected override void OnPreRenderComplete(EventArgs e)
{
    Base. OnPreRenderComplete(e);
    //弹窗 Session 不为空，说明要弹窗
    if(Session["Alert-Message"] != null)
    {
        //注册弹窗的 JS 脚本
        Page.ClientScript.RegisterClientScriptBlock
            (this.GetType(), "Alert_Message", string.Format
            ("alert('{0}');", session["Alert-Message"]), true);
            //清空弹窗 Session
            Session.Remove("Alert-Message");
    }
}
}
```

(2)设计弹窗的示例页面，前台代码如下所示：

```
<div class="box">
<dl>
        <dt>本示例用于演示向本页面内弹窗</dt>
        <dd>
            <asp:Button ID="btnselfShow" Text="弹出提示信息"
                runat="Server" onclick="btnSelfShow_Click" />
        </dd>
        <dt>本示例用于演示向本页面内弹窗</dt>
        <dd>
          请输入要跳转的目标页面:
            <asp:TextBox runat="server" ID="txtUrl" Text=
```

```
                "Index.aspx" />
                <asp:Button ID="btnOtherShow" Text="弹出提示信息"
                                Runat="server" onClick="btnOtherShow_Clock" />
        </dd>
</dl>
</div>
```

(3)后台代码如下所示：

```
public partial class AlertMessageDemo : BasePage
{
    protected void Page_Load(object sender, EbentArgs e)
    {

    }

    protected void btnSelfShow_Click(object sender, EventArgs e)
    {
        Base.AlertMessage("我是提示信息...");
    }

    protected void btnOtherShow_Click(object sender, EventArgs e)
    {
        Base.AlertMessage("我是从前一个页面弹出的提示信息...");
        Response.Redirect(this.txtUrl.Text.Trim());
    }
}
```

## 指导 2　完成.aspx 页面访问量的统计功能

完成本任务所用到的主要知识点：

• ASP.NET 中 Page 的生命周期。

• ADO.NET 数据库操作。

**问题**

用户每次访问任何.aspx 页面时，需要记录访问者的访问时间、客户端 IP，并且制作一个查看所有的页面访问总量的页面和一个查看单个页面访问历史记录的页面。

所有页面访问总量参考界面如图上机 3-1 所示。

| 浏览量(PV)↓ | 访客数(UV) | IP数 |
|---|---|---|
| 135,825 | 50,739 | 32,676 |
| 43,254 | 6,141 | 6,234 |
| 23,379 | 11,935 | 11,832 |
| 18,517 | 12,702 | 11,917 |
| 18,205 | 12,077 | 11,212 |
| 17,010 | 11,365 | 11,293 |
| 15,759 | 9,660 | 8,902 |
| 11,703 | 8,401 | 7,944 |
| 10,306 | 4,221 | 4,208 |
| 8,753 | 6,382 | 6,182 |
| 8,738 | 6,385 | 6,189 |
| 8,475 | 4,404 | 4,382 |
| 8,169 | 5,754 | 5,580 |

**图上机 3-1 所有页面访问总量**

单个页面访问历史记录参考界面如图上机 3-2 所示。

| 访客数(UV) | IP数 |
|---|---|
| 50,739 | 32,676 |
| 6,141 | 6,234 |
| 11,935 | 11,832 |
| 12,702 | 11,917 |
| 12,077 | 11,212 |
| 11,365 | 11,293 |
| 9,660 | 8,902 |
| 8,401 | 7,944 |
| 4,221 | 4,208 |
| 6,382 | 6,182 |
| 6,385 | 6,189 |
| 4,404 | 4,382 |
| 5,754 | 5,580 |

**图上机 3-2 单个页面访问历史记录**

**分析**

首先建立一张页面访问历史记录表，SQL 脚本代码为：

```
Create table visitHistory
{
    intId int primary key identity
```

```
    chvPageName nvarchar(30)not null,--页面名称
    chvIP nvarchar(20)not null,--IP 地址
    dtmVisitTime datetime default(getdate())--访问时间
)
```

每一次访问.aspx 页面时，页面生命周期内各相应事件都会被执行。所以我们只需要在每一个页面的 Load、Init 等事件中记录页面的访问量即可。但这样做，一个比较大的问题是：在每一个页面内部都编写相同的逻辑代码，冗余代码太多。因此我们可以定义一个公共类 CommonPage. cs，让该类继承 Page 类，再让每一个. aspx 页面继承 CommonPage 类。

在 CommonPage 中定义 Init 事件所挂载的方法，在该方法内编写处理页面访问量的代码：

```
public class CommonPage : Page
{
    protected void Page_Init(object sender, EventArgs e)
    {
        //获取被访问的页面
        String visitPage = Request. Path. ToLower();
        //判断是否是. aspx 页面
        if(visitPage. EndsWith(". aspx"))
        {
            //利用 ADO. NET 将 visitPage 页面访问量加 1
            //……
        }
    }
}
```

**解决方案**

(1)在项目中添加访问记录页面 VisitPageList.aspx，设计代码如下所示：

```
<%@ Page Language="C#" AutoEventWireup="true" CodeBehind=
"VisitPageList. aspx. cs" Inherits="Charpter2. WriteReview" %>

<!DOCTPE html PUBLIC "..//W3C//DTD XHTML 1. 0 Transitional//EN"
http://www. w3. org/TR/xhtml1/DTD/xhtml1-transitional. dtd>

<html xmlns="http://www. w3. org/TR/xhtml1">
<head runat="server">
<title></title>
<link href="Content/Base. css" rel="stylesheet" type="text /css"/>
</head>
<body>
    <h1>. aspx 页面访问量统计信息</h1>
```

```
<form id="form1" ruant="server">
<div class="box">
    <table class="dataTable1">
      <thead>
        <tr>
            <th>.aspx 页面名称</th>
            <th>访问总量</th>
            <th>最后一次访问时间</th>
            <th>操作列</th>
            </tr>
</thead>
            <tbody>
                <% foreach(System.Data.DataRow row in this.
visitListTable.Rows)
                {%>
                  <tr>
                        <td><%=row["chvPageName"]%></td>
                        <td><%=row["TotalCount"]%></td>
                        <td><%=string.Format("{0:yyyy-MM-dd HH:mm:
ss}",row["LastVisiTime"])%></td>
                        <td><a href='VisitPageDetails.aspx?page=
<%=row["chvPageName"] %>'>查看明细</a></td>
                  </tr>
                <% }%>
            </tbody>
        </table>
      </div>
      </form>
</body>
</html>
```

(2)在页面的加载事件中编写查询页面访问记录的代码,示例代码如下所示:

```
protected DataTable visitListTable;

protected void Page_Load(object sender, EventArgs e)
{
    String ConnectionString = ConfiguarationManager
ConectionStrings["Charpter3DBConnection"].ConnectionString;
    String sql="select chvPageName,Count( * )as'TotalCount',
    Max(dtmVisTime)as'LastVisiTime' from VisitHistory group by
chvPageName";
    DataSet ds = SqlHelper.ExecuteDataset(Connection
```

```
        String, CommandType.Text, sql);

        visitListTable = ds.Tables[0];
}
```

(3)添加访问详细页面 VisitPageDetails.aspx，设计代码如下：

```
<%@ Page Language="C#" AutoEventWireup="true" CodeBehind=
"VisitPageDetails.aspx.cs" Inherits="Charpter2.WriteReview" %>

<!DOCTPE html PUBLIC "..//W3C//DTD XHTML 1.0 Transitional//EN"
http://www.w3.org/TR/xhtml1/DTD/xhtml1-transitional.dtd>

<html xmlns="http://www.w3.org/1999/xhtml1">
<head runat="server">
<title></title>
<link href="Content/Base.css" rel="stylesheet" type="text/css"/>
<style type="text/css">
</head>
<body>
<form id="form1" runat="server">
<div class="box">
<table class="dataTable1">
    <thead>
        <tr>
            <th>访问时间</th>
            <th>客户端</th>
        </tr>
    </thead>
    <tbody>
<% foreach(System.Data.DataRow row in this.
visitListTable.Rows)
                {%>
                <tr>
                        <td><%=string.Format("{0:yyyy-MM-dd HH:mm:
ss}",row["LastVisiTime"])%></td>
                </tr>
                <% }%>
            </tbody>
        </table>
    </div>
    </form>
</body>
```

```
</html>
```

（4）进入详细页面的后台代码文件，在页面加载时间中添加如下代码：

```
protected DataTable visitListTable;

protected void Page_Load(object sender, EventArgs e)
{
    String ConnectionString = ConfiguarationManager.Conection
    Strings["Charpter3DBConnection"].ConnectionString;
    String sql="select * from VisitHistory where chvPageName=@pageName";
    SqlParameter pageNameParmeter=new SqlParameter("@PageName", SqlDbType.NvarChar);
    //获取页面名称
    PageNameParameter.Value=Request.QueryString["Page"];
    DataSet ds = SqlHelper.ExecuteDataset(ConnectionString, CommandType.Text, sql, Pa-
geNameParameter);

    visitListTable = ds.Tables[0];
}
```

# 第 2 阶段　练习

## 练习 1　投票程序

**问题**

制作关于"班长人选"的投票程序，不使用数据库保存投票结果，同时每个人只能投一次票。示例界面如图上机 3-3 所示。

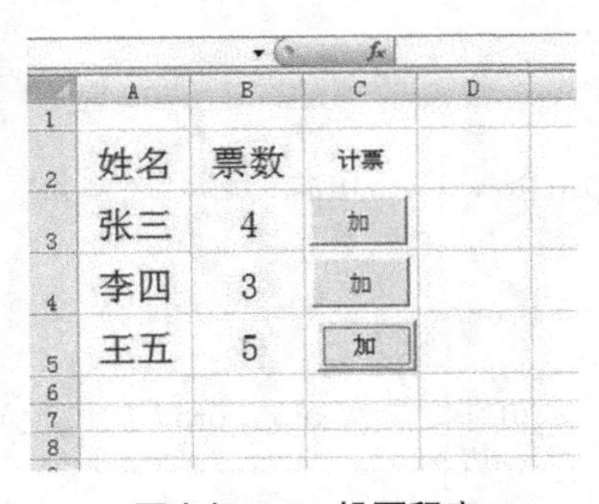


图上机 3-3　投票程序

## 练习 2　猜数字游戏

**问题**

用户在界面文本框内输入 1～10 中的任意一个数字，单击"猜一猜"按钮；在后台生成一个 1～10 的随机数，判断两者是否相同。用户可以猜任意次，据此计算正确率是多少。

# 上机 4　ASP.NET 控件

**上机任务**

- 任务 1　设计并完成省、市、县三级联动功能
- 任务 2　设计并完成新增商品模块
- 任务 3　设计并完成商品浏览模块

## 第 1 阶段　指导

### 指导 1　设计并完成省、市、县三级联动功能

完成本任务所用到的主要知识点：

- DropDownList 服务器控件。
- 数据库表设计。

**问题**

设计并完成省、市、县三级联动功能，效果如图上机 4-1 所示。

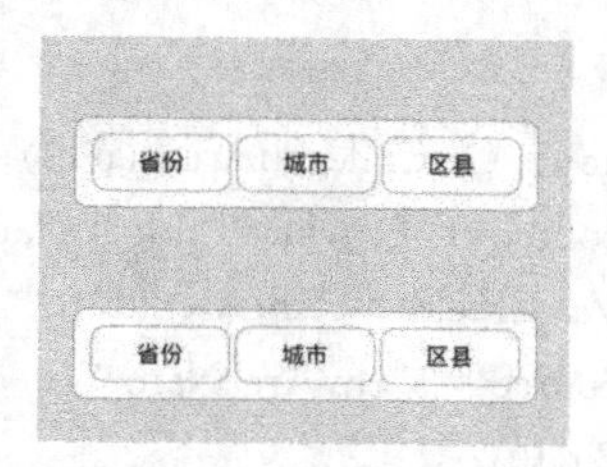


图上机 4-1　省、市、县三级联动

**解决方案**

(1)新建一个.aspx 页面 Homework1.aspx，向页面中添加控件，页面中的控件见表上机 4.1。

表上机 4.1　Homework1.aspx 页面中的控件

| 控　件 | 名　称 | 说　明 |
|---|---|---|
| DropDwonList | ddlProvince | 省 |
| DropDwonList | ddlCity | 市 |
| DropDwonList | ddlTown | 县 |

(2)页面示例代码如下所示：

```
<div class="box">
<span>省:</span>
<asp:DropDownList runat="server" ID="ddlProvince" AutoPostBack=
"True" onselectedindexchanged="ddlProvince_SelectedIndex Changed">
<asp:ListItem Value="-1" Text="请选择"></asp:ListItem>
    </asp:DropDownList>  
<span>市:</span>
<asp:DropDownList runat="server" ID="ddlCity" AutoPostBack=
"True" onselectedindexchanged
="ddlCity_SelectedIndexChanged">
<asp:ListItem Value="-1" Text="请选择"></asp:ListItem>
    </asp:DropDownList>  
<span>县:</span>
<asp:DropDownList runat="server" ID="ddlTown">
    <asp:ListItem Value="-1" Text="请选择"></asp:ListItem>
    </asp:DrowDownList>
</div>
```

(3)后台代码如下所示:

```
//页面首次加载时填充省份列表
protected void Page_Load(object sender, EventArgs e)
{
    if(!isPostBack)
    {
        dataTable provinceTable = GetChildrenAreas(null);
        this.ddlProvince.DataSource = ProvinceTable.DefaultView;
        this.ddlProvince.DataValueField = "intAreaId";
        this.ddlProvince.DataSource = "chvAreaName";
        this.ddlProvince.DataBind();
        this.ddlProvince.Items.Insert(0,new ListItem("请选择","-1"));
    }
}
//选择省份,填充市级列表
protected void ddlProvince_SelectedIndexChanged(object sender, EventArgs e)
{
    int provinceId=Convert.ToInt32(this.ddlProvince.SelectedValue);
    DataTable cityTable=GetChildrenAreas(provinceId);
    this.ddlCity.DataSource=cityTable.DefaultView;
    this.ddlCity.DataValueField="intAreaId";
    this.ddlCity.DataTextField="chvAreaName";
    this.ddlCity.DataBind();
    this.ddlCity.Items.Insert(0,new ListItem("请选择","-1"));
```

```
}
//选择城市,填充县级列表
protected void ddlProvince_SelectedIndexChanged(object sender, EventArgs e)
{
    int cityId=Convert.ToInt32(this.ddlCity.SelectedValue);
    DataTable townTable=GetChildrenAreas(provinceId);
    this.ddlTown.DataSource=cityTable.DefaultView;
    this.ddlTown.DataValueField="intAreaId";
    this.ddlTown.DataTextField="chvAreaName";
    this.ddlTown.DataBind();
    this.ddlTown.Items.Insert(0,new ListItem("请选择","-1"));
}
//获取下级行政区列表
protected DataTable GetChildrenAreas(int parentAreaId)
{
    String connectionString=ConfigurationManager.
        .ConnectionStrings["Charpter3DBconnection"]
    .ConnectionString;
    String sql=string.Empty;
    if(parentAreaId == null)
    {
        Sql="server * from TblArea where intParentId is nll";
    }
    else
    {
        Sql=string.Format("select * from TblArea where intParentId
    ={0}",parentAreaId);
    }
    DataSet ds=SqlHelper.ExecuteDataset(connectionString,
    CommandType.Text,sql);
    return ds.Tables[0];
}
```

## 指导 2　设计并完成新增商品模块

完成本任务所用到的主要知识点：

- ASP.NET 常用控件。
- 文件上传。

**问题**

使用本章知识构建如图上机 4-2 所示的示例界面。

商品信息

增加(F2)　修改(F3)　导出打印　删除(F4)　字段显示设置　数据批量导入　退出(Esc)

输入商品相关信息查询：　查询　☐显示禁用商品

| 商品编号 | 商品名称 | 入库时间 | 简码 | 单位 | 状态 | 进价 | 售价 |
|---|---|---|---|---|---|---|---|
| K123J123 | PPPP | 2011-08-15 2... | PPPP | 个 | 正常 | 3 | 5 |
| 72927059 | 旺旺雪饼 | 2011-04-12 9:54 | WWXB | 箱 | 正常 | 2 | 3 |
| 77095086 | 小酒仙 | 2011-03-23 1... | XJX | 箱 | 正常 | 2 | 5 |
| 5380652 | 北京二锅头 | 2011-03-23 1... | BJEGT | 箱 | 正常 | 32 | 53 |
| 83022684 | 熊仔饼 | 2011-03-23 1... | XZB | 箱 | 正常 | 3 | 5 |
| 6385198 | 茅台 | 2011-03-23 1... | MT | 箱 | 正常 | 2 | 4 |
| 24181830 | 张飞牛肉 | 2011-03-23 1... | ZFNR | 箱 | 正常 | 2 | 4 |
| 40927951 | 双汇瘦肉 | 2011-03-23 1... | SHSR | 箱 | 正常 | 3 | 5 |
| 31201685 | 王中王火腿肠 | 2011-03-23 1... | WZWHTC | 箱 | 正常 | 2 | 4 |
| 35806585 | 西瓜 | 2011-03-23 1... | XG | 箱 | 正常 | 2 | 4 |
| 26964525 | 红酒 | 2011-03-23 1... | HJ | 箱 | 正常 | 3 | 5 |
| 42224661 | 小角楼 | 2011-03-23 1... | XJL | 箱 | 正常 | 12 | 142 |
| 74939084 | 小酒楼 | 2011-03-23 1... | XJL | 箱 | 正常 | 2 | 4 |
| 43806198 | 棒棒糖 | 2011-03-23 1... | BBT | 箱 | 正常 | 2 | 3 |
| 36759749 | 金威啤酒 | 2011-03-23 1... | JWPJ | 箱 | 正常 | 3 | 4 |
| 9163687 | 青岛啤酒 | 2011-03-23 1... | QDPJ | 箱 | 正常 | 2 | 34 |
| 72165532 | 娃哈哈 | 2011-03-23 1... | WHH | 箱 | 正常 | 2 | 4 |
| 97177935 | 火腿肠 | 2011-03-23 1... | HTC | 箱 | 正常 | 2 | 5 |

**图上机 4-2　商品新增示例界面**

## 解决方案

后台代码如下所示：

```
public partial class HomeWork2:System.Web.UI.Page
{
    String connection String=ConfigurationManager.ConnectionStrings
["Charpter4DBconnection"].ConnectionString;
    protected void Page_Load(object sender, EventArgs e)
    {
        if(!isPostBack)
        {
            LoadCategorys();
        }
    }
    //加载列表
    private void LoadCategorys()
    {
        String sql="select * form TblCategory";
        DataSet ds =SqlHelper.ExecuteDataSet(ConnectionString, CommandType.Text, sql);
        This.ddlCategory.DataSource=ds.Table[0].DefaultView;
        This.ddlCategory.DataValueField="chvCateName";
        This.ddlCategory.DataValueField="chvCateId";
        This.ddlCategory.DataBind();
        This.ddlCategory.Items.Insert(0,new ListItem("请选择","-1"));
```

```
        }
        protected void btnSave_Click(object sender, EventArgs e)
        {
            //定义 SQL,参数化处理,避免 SQL 注入
            String sql=@"insert into TblProductValues(@chvName, @mnyPrice, @chvImageUrl, @
bitPromote, @mnyPromotePrice, @dtmStartDate, @dtmEndDate@txtDescription)";
            SqlParameter[] parameters=new SqlParameter[]
            {
                new SqlParameter("@chvName", SqlDbType. NvarChar){},
                new SqlParameter("@intCateId", SqlDbType. Int){},
                new SqlParameter("@mnyPrice", SqlDbType. Money){},
                new SqlParameter("@chvImageUrl", SqlDbType. NvarChar)
    {Value=DBNull. Value},
                new SqlParameter("@bitPromote", SqlDbType. Bit)
    {Value=false},
                new SqlParameter("@mnyPromotePrice", SqlDbType. Money)
    {Value=DBNull. Value},
                new SqlParameter("@dtmStartDate", SqlDbType. To, e)
    {Value=DBNull. Value},
                new SqlParameter("@txtDescription", SqlDbType. Text){},
            }
            //名称
            parameters[0]. Value=this. txtName. Text. Trim();
            //分类
            parameters[1]. Value=Convert. ToInt32(this. ddlCategory. SelectedValue);
            //价格
    parameters[2]. Value=Convert. ToDecimal(this. txtPrice. Text. Trim());
            //详情
            parameters[8]. Value=this. txtDescription. Text. Trim();
            //商品图片
            if(this. fuImage. HasFile)
            {
                String filename = Guid. NewGuid(). Tostring()+Path. GetExtension(this. fuImage.
FileName);
            String fullName=Path. Combine(Server. MapPath("~/
                Productimages"), fileName)
            }
            //是否促销
            if(thiss. chkPromote. Checked)
            {
                parameters[4]. Value=true;
                parameters[5]. Value=Cpmver. ToDecimal(this. txtPromotePrice. Text. Trim());
```

```
            parameters[6].Value=Convert.ToDateTime(this.txtStartDate.Text.Trim());
            parameters[7].Value= Convert.ToDateTime(this.txtEndDate.Text.Trim());
        }
        //保存到数据库
        int count = SqlHelper.ExecuteNonQuery(connectionString,
        CommandType.Text, sql, parameters);
        if(count>0)
        {
    Page.ClientScript.RegisterClientScriptBlock(typeof(HomeWork2),"AddResult","alert('新增成功
');",true);
        }
        else
        {
        Page.ClientScript.RegisterClientScriptBlock(typeof(HomeWork2),"AddResult","alert('
新增失败');",true);

        }
    }
}
```

# 第 2 阶段　练习

## 练习　设计并完成商品浏览模块

### 问题

页面设计如图上机 4-3 所示。

图上机 4-3　商品浏览页面

# 上机 5　母版页与用户控件

**上机任务**

- 任务 1　使用母版页设置某 IT 公司网站
- 任务 2　将公司的单个项目展示封装为用户控件
- 任务 3　完成公司首页、联系我们页面

## 第 1 阶段　指导

### 指导　使用母版页设置某 IT 公司网站

完成本任务所用到的主要知识点：

- 母版页的创建和使用。

**问题**

在项目中新建一个母版页，将站点的公共部分放入母版页。

**分析**

一般公司网站是典型的上中下结构。顶部是 logo 和导航菜单，底部是版权信息，中间是内容信息。

**解决方案**

(1)在站点的 Web 文件下新建一个母版页 Site.master。设计代码如下所示：

```
<%@ Master Language="c#" AutoEventWireup="true" CodeBehind=
"Site.master.cs" Inherits="Charpter5.HomeWork.Site"%>
<!DOCTYPE html PUBLIC "-//W3C//DTD XHTML 1.0 Transitional//EN"
"http://www.w3.org/TR/xhtml-transitional.dtd">
<html xhtml="http://www.w3.org/1999/html">
<head runat="server">
<title></title>
    <style type="text/css">
 *{margin:Opx;}
Body{font-size:13px;text-align:center;}
a{color:#3c3c3c;text-decoration:none;}
a:hover{color:#6f6f6f;}
P{line-height:25px;}
.Wrap{margin:0 auto;text-algin:Left;Width:980px;}
.Wrap .header{height:100px;margin-top:8px;}
```

```
.Wrap .Main{}
.Wrap .footer{}
.log{margin-Left:100px;float:left;}
.userbox{float:right;padding-right:150px;}
/*导航菜单*/
.naviate{clear:both;list-style:none;margin-left:100px;margin-top:70px;}
.navigate li{float:Left;list-style:none;}
.navigate li a{dispaly:block;background-color:#aacc66;hright:25px;
  Text-algin:center;line-height:25px;width:120px;
  Boder:2px dotted #acacac;margin-right:2px;}
.navigate li a:hover{background-color:#aaccff;}
/*网站底部*/
.footer{padding:5px 100px;mrgin-top:20px;}
.footer p{text-algin:center;}
</style>
<asp:conterPlaceHolder ID="head" runat="server">
<asp:ContentPlaceHolder>
</head>
<body>
<form id="form1" runat="server">
<div class="Wrap">
  <div class="log">
   <img scr="images/vip_new_logo.png"/>
</div>
<div class="userbox">
  <lable>欢迎您:<asp:Literal ID="ltrUserName" runat="server"
  text="游客"></asp:Literal></lable>  
<asp:HyperLink NavingteUrl="Login.aspx" text="登录"
  runat="server"></asp:HyperLink>
</div>
<ul class="navigate">
<li><a href="#">首页</a></li>
<li><a href="#">公司简介</a></li>
<li><a href="#">发展规划</a></li>
<li><a href="#">成功案例</a></li>
<li><a href="#">人才招聘</a></li>
<li><a href="#">联系我们</a></li>
</ul>
</div>
<div class="main">
<asp:ContentPlaceHolder>
  </div>
```

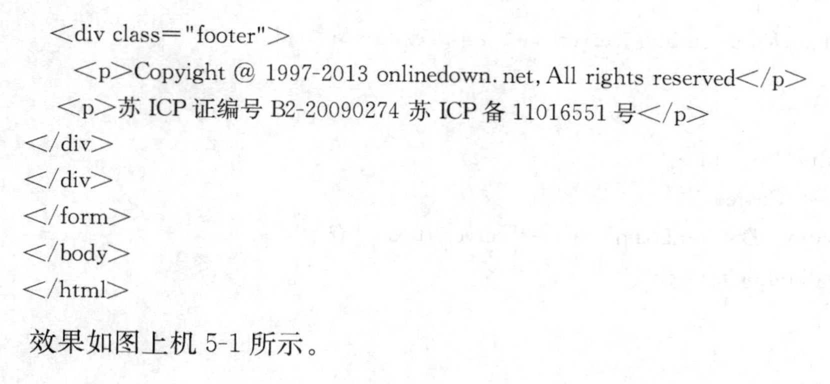

```
  <div class="footer">
    <p>Copyright @ 1997-2013 onlinedown. net, All rights reserved</p>
    <p>苏 ICP 证编号 B2-20090274 苏 ICP 备 11016551 号</p>
</div>
</div>
</form>
</body>
</html>
```

效果如图上机 5-1 所示。

**图上机 5-1　页面底部**

(2)制作登录页面,登录的后台逻辑代码前面已经接触过多次,在此不再讲述。界面代码如下:

```
<%@ Page Title="" Language="C#" MasterPageFile
=" ~/HomeWork/Site. Master" AutoEventWireup = " true" CodeBechind = " Login. aspx/cs"
Inherits="Charpter5. HomeWork. Login" %>
<asp:Count ID="Content1" ContentPlaceHolderID="head" runat="server">
  <style type="text/css">
  . loginbox{margin:20px auto; width:400px;}
  . tablelayout{}
  . tablelayout tr{height:30px;}
. tablelayouttd. tilte{width:80px; text-align:right; padding-right:80px;}
. tablelayouy td. content{width:230px; text-align:left; padding-left:5px;}
</style>
</asp:Content>
<asp:Count ID="Content2" ContentPlaceHolderID="ContentPlaceHolder1"
runat="server">
<div class="loginbox">
  <table class="tablelayout">
<tr>
  <td class="title">用户名:</td>
  <td class="content"><asp:TextBox ID="txtUserName"
  runat="server"><asp:TextBox></td>
</tr>
  <tr>
<td class="title">密码:</td>
<td class="content"><asp:TextBox ID="txtPssdword"
```

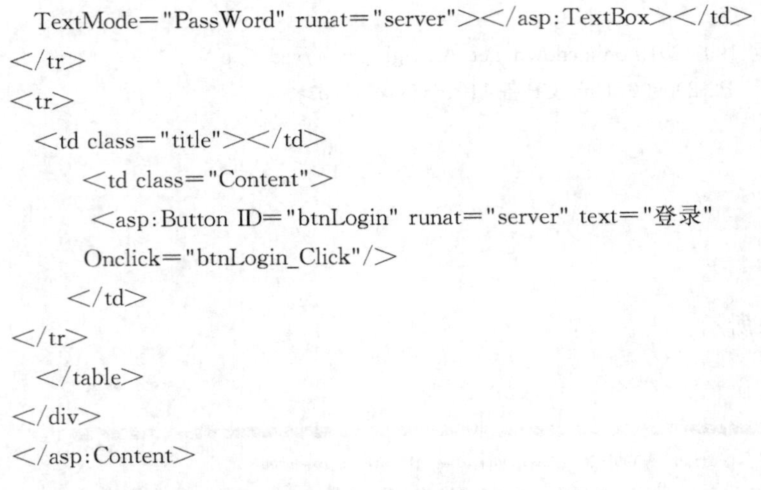

```
TextMode="PassWord" runat="server"></asp:TextBox></td>
</tr>
<tr>
  <td class="title"></td>
     <td class="Content">
      <asp:Button ID="btnLogin" runat="server" text="登录"
     Onclick="btnLogin_Click"/>
    </td>
</tr>
  </table>
</div>
</asp:Content>
```

页面效果如图上机 5-2 所示。

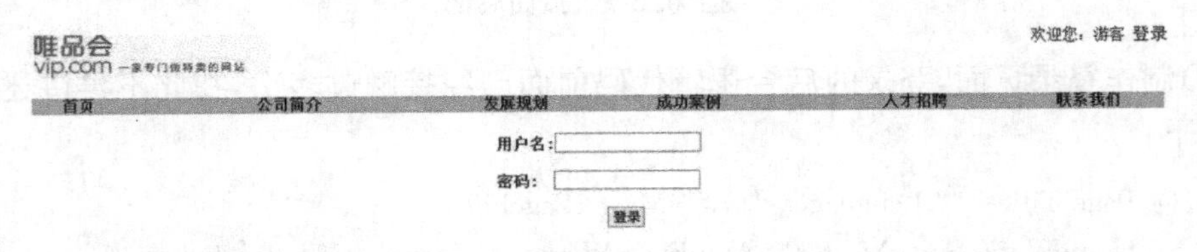


图上机 5-2　登录页面

(3)登录成功，顶部右侧显示登录用户名，登录链接改为退出，如图上机 5-3 所示。

图上机 5-3　登录成功后的页面效果

# 第 2 阶段　练习

## 练习 1　将公司的单个项目展示封装为用户控件

**问题**

在公司项目展示页面，需要呈现所有项目的列表，而列表中每一个项目的外观效果都完全一样，所以我们将其封装为用户控件来使用。

**提示**

项目信息表中的字段包括项目名称、项目描述、项目预览图片、客户名称。

## 练习2　完成公司首页、联系我们页面

问题

首页和联系我们两个页面均为内容页面，需要继承母版页。

# 上机 6 数据验证

**上机任务**

- 任务 1　用户注册与登录模块的数据验证功能
- 任务 2　为新增商品模块添加数据验证功能
- 任务 3　完成商品品牌新增的验证功能

## 第 1 阶段　指导

### 指导 1　用户注册与登录模块的数据验证功能

完成本任务所用的主要知识点：

- 使用 RequiredFieldValidator 控件进行非空验证。
- 使用 CustomValidator 控件进行自定义验证。
- 使用 CompareValidator 控件进行比较验证。
- 使用 RegularExpressionValidator 正则表达式验证控件验证邮箱格式。
- 使用验证组。

**问题**

登录时，用户名和密码不能为空，且用户名与密码必须正确（使用验证控件进行验证）。注册时，验证重复密码和密码是否一致，验证邮箱格式。登录和注册功能在同一个页面，但验证不相互干扰。

**分析**

对于登录和注册两个功能的验证，本身不复杂，本例重点在于让同学们熟练使用验证控件。但比较重要的一个问题是，因为登录和注册在同一个页面，默认情况下两个功能的验证会相互干扰（登录时还要通过注册的验证，注册时还要通过登录的验证），所以使用验证组来解决此问题。

**解决方案**

（1）在 LoginReg.aspx 页面中添加验证控件，见表上机 6.1 和表上机 6.2。

**表上机 6.1　登录使用的验证控件**

| 控　件 | 名　称 | 属　性 |
| --- | --- | --- |
| RequiredFieldValidator | rfvUserName | ControlToValidate = txtLoginUsername; ValidationGroup = Login; ErrorMessage = "用户名不能为空" |

续表

| 控 件 | 名 称 | 属 性 |
| --- | --- | --- |
| RequiredFieldValidator | rfvPassWord | ControlToValidate＝txtLoginPassWord；ValidationGroup＝Login；ErrorMessage＝"密码不能为空" |
| ValidationSummary | Summary | ShowMessageBox＝"true"；ShowSummary＝"false"；ValidationGroup＝"login" |

**表上机 6.2 注册使用的验证控件**

| 控 件 | 名 称 | 属 性 |
| --- | --- | --- |
| RequiredFieldValidator | rfvUserNameReg | ControlToValidate＝txtLoginUsernameReg；ValidationGroup＝Login；ErrorMessage＝"用户名不能为空" |
| RequiredFieldValidator | rfvPassWordReg | ControlToValidate＝txtLoginPassWordReg；ValidationGroup＝Login；ErrorMessage＝"密码不能为空" |
| RequiredFieldValidator | rfRePassWord | ControlToValidate＝txtRePassWordReg；ValidationGroup＝registor；ErrorMessage＝"重复密码不能为空" |
| CompareValidator | cmpvRePassWord | ControlToValidate＝txtRePasswordReg |
| RegularExpressionValidator | revEmailReg | ControlToValidate＝"txtEmail"；Dispaly＝"Dynamic"；ValidationGroup＝"registor"；ValidationExpression＝"\\W+([-+.']\\W+*@\\W+([-.]\\W+)*\\.\\w+([-.\\w+]))*" |
| CustomValidator | cvUserNameReg | ControlToValidate＝"txtUserNmae"；Dispaly＝"Dynamic"；ValidationGroup＝"registor" |
| ValidationSummary | summaryReg | ShowMessageBox＝"true"；ShowSummary＝"false"；ValidationGroup＝"registor" |

(2)双击 CustomValidator 控件，为控件编写 ServerValidate 事件，代码如下所示：

```
protected void custom_ServerValidate(object source, ServerValidateEventArgs e)
{
  //验证用户名是否存在的逻辑
  if(不存在)
  {
    args.IsValid=true;//验证通过
  }
```

```
        else
        {
         args.IsValid=fasle;//验证未通过
        }
    }
```

(3)最后在服务器的按钮单击事件方法中，一定要先通过 Page.IsValid 属性判断是否通过了服务器端验证。

## 指导 2　为新增商品模块添加数据验证功能

完成本任务所用到的主要知识点：

- 使用 RequiredFieldValidator 控件进行非空验证。
- 使用 CompareValidator 控件进行比较验证。
- 使用 CompareValidator 控件进行数据类型验证。
- 动态控制验证控件的可用状态。
- ADO.NET 数据库操作。

**问题**

验证商品的新增信息，单击“保存”按钮时，验证商品名称、商品分类、本店售价不能为空；本店售价、市场售价、促销价为金额类型；赠送消费积分为正整数；促销日期为日期格式；在商品促销时，对促销价格、促销日期，对应的验证控件才起作用。

**分析**

该模块的验证较为复杂，涉及了大量的验证控件，具体的验证规则所使用的验证控件见表上机 6.3。

**表上机 6.3　验证注册信息的验证控件**

| 对　象 | 描　述 |
|---|---|
| 商品名称、商品分类、本店售价不能为空 | RequiredFieldValidator |
| 本店售价、市场售价、促销价为金额类型 | CompareValidator |
| 赠送消费积分为正整数、促销日期为日期格式 | CompareValidtor |
| 本店售价不能高于市场售价 | CompareValidtor |
| 促销开始日期小于等于促销介绍日期 | CompareValidtor |
| 收集验证错误信息 | ValidationSummary |

在是否促销时要验证控件动态控制是否可用，可以在复选框的回发事件中动态控制相应验证控件的 Enabled 属性即可。

数据库脚本如下：

```
--分类信息表
Create table category
(
```

```
    categoryID int primary key identity,
    categorName nvarchar(30)not null--分类名称
)
Go
--品牌信息表
Create table brand
(
    brandID int primary key identity,
    brandName nvarchar(30)not null--品牌名称
)
Go
--商品信息表
Create table product
(
productID int primary key identity,
productName nvarchar(30)not null,--商品名称
productNumber nvarchar(30)not null,--商品编号
shopPrice money not null,--本店售价
marketPrice money,--市场售价
score int,--赠送积分
promotePrice money,--促销价格
promoteStartdate datetime,--促销开始日期
promoteEnddate datetime,--促销结束日期
brandId int references brand(brandid),--品牌 ID
categoryId int refernces category(categroyid)--分类 ID
)
```

**解决方案**

(1)页面代码如下：

```
<%@ Page Languge="C#" AutoEventWirup="true" CodeBehind="Home
Work1.aspx.cs" Inherits="Charpter5.HomeWork1"%>
<!DOCTYPE html PUBLIC "-//W3C//DTD XHTML 1.0 Transitional//EN"
"http://www.w3.org/TR/xhtml1/DtD/xhtml1-transitional.dtd">
<html xhtml="http://www.w3.org/1999/xhtml">
<head runat="server">
  <title></title>
  <script scr="Scripts/caleendar.js" type="text/javascript"></script>
</head>
<body>
<form id="form1" runat="server">
  <div>
<table>
```

```
<tr>
 <td>
    商品名称:</td>
<td>
  <asp:TextBox ID="txtNmae" runat="server"></asp:TextBox>
  <asp:ReqiredFielValidter ID="rfvNumber" runat="server"
  ControlToValidter="txtName" Dispaly="Dynamic"
  ErrorMessage="不能为空">
</asp:ReqiredFieldValidator>
</td>
</tr>
 <td>
   商品编号:</td>
 <td>
  <asp:TextBox ID="textNumber" runat="server"></asp:TextBox>
</td>
</tr>
<tr>
<td>
  商品分类:</td>
<td>
  <asp:DropDownList ID="ddlCategory" runat="server"
  DataTextField="categoryName"
  DataValueField="categoryId">
</asp:DropDownList>
<asp:RequiredFieldValidator ID="rfvCategory" runat="server"
ControlToValidate="ddlCategory" Display="Dynamic"
  ErrorMessage="不能为空" InitialValue="-1">
</asp:RequiredFieldValidator>
</td>
</tr>
<tr>
<td>
  商品品牌:</td>
<td>
  <asp:DropDownList ID="ddlBrand" runat="server"
  DataTextField="brandname" DataValueField="brandid">
</asp:DropDownList>
</td>
</tr>
<tr>
  <td>
```

```
    本店售价:</td>
 <td>
    <asp:TextBox ID="txtShopPrice" runat="server">
 </asp:TextBox>
    <asp:RequiredFieldValidator ID="rfvPrice" runat="server"
   ControlToValidate="txtShopPrice" Display="Dynamic"
   ErrorMessage="不能为空">
 </asp:RequiredFieldValidator>
 <asp:RequiredFieldValidtor ID="cmpvShopPrice" runat="server"
 ControlToValidate="txtShopPrice" Display="Dynamic"
 ErrorMessage="数据类型错误,应为金额类型"
 Operator="DataTypeCheck" Type="Currency">
 <asp:CompareValidator>
 </td>
 </tr>
 <tr>
     <td>
         市场售价:</td>
   <td>
   <asp:TextBox ID="txtMarketPrice" runat="server">
 </asp:TextBox>
 <asp:ComperValidter ID="cmpvMarketPrice" runat="server"
 ControlToValidator="txtMarketPrice" Dispaly="Dynamic"
 ErrorMessage="数据类型错误,应为金额类型"
 Operator="DataTypeCheck" Type="Currency">
 </asp:CompareValidaor ID="cmpvMarketPrice" runat="server"
   ControToCompare="txtShopPrice"
   ControToValidate="txtMarketPrice"
   Display="Dnamic" ErrorMessage="不能小于本店售价"
   Operator="GraeterThanEqual"
   Type="Currency">
 </asp:CompareValidator>
 </td>
 </tr>
 <tr>
   <td>
     赠送消费积分数:</td>
   <td>
   <asp:TextBox ID="txtScore" runat="server"></asp:TextBox>
   <asp:CompareValidator ID="compvScore" runat="server"
   ErrorMessage="格式错误,大于等于-1 的整数"
   Operator="GreaterThanEqual" Type="Integer"
```

```
    ValueTompare="-1">
  </asp:CompareValidator>
  </td>
  </tr>
  <tr>
  <td>
    <asp:CheckBox ID="chkPromote" runat="server"
    AutoPostBack="true"
    Oncheckedchanged="chkPromote_CheckedChanged"/>
  促销价:</td>
  <td>
    <asp:TextBox ID="txtPromotePrice" runat="server">
    </asp:TextBox>
    <asp:CompareValidator ID="compvPromotePrice" runat="server"
    ControlToVaidate="txtPromotePrice" Display="Dynamic"
     ErrorMessage="数据类型错误,应为金额类型"
     Operate="DataTypeCheck" Type="Currency">
  </asp:CompareValidator>
  </td>
  </tr>
  <tr>
    <td>
      促销日期:</td>
    <td>
    <asp:TextBox ID="txtStartDate" runat="server">
  </asp:TextBox>
    <asp:CompareValidator ID="cmpvStartData" runat="server"
    ComtrolToValidate="txtStartData" Display="Dynamic"
     ErrorMessage="格式错误" Operator="DataTypeCheck"
     Type="Date">
  </asp:CompareValidator>
  <input id="btnSelect1" type="button" value="选择"
  Oncick="new" Calender().show(this.form.txtStarDate);/>
  -<asp:TextBox ID="txtEndData" runat="server"></asp:TextBox>
  <input id="btnSelect2" type="button" value="选择"
  Oclick="new Calender().show(this.form.txtEndData);"/>
  <asp:CompareValidator ID="cmpcEndDatel" runat="server"
    ComtrolToValidate="txtEndDate" Display="server"
    ErrorMessage="格式错误"Operator="DataTypeCheck" Type="Date">
  </asp:CompareValidator>
  <asp:ComareValidator ID="cmpvEndDate2" runat="server"
    ControlToCmpare="txtStartDate"
```

```
   ControlToValidate="txtEndDate"
   DisPlay="Dynaimc" ErrorMeesage="不能小于开始日期"
Operator="GreaterThanEqual"
   Type="Date">
</asp:CompareValidatro>
</td>
</tr>
  <tr>
    <td>
       </td>
    <td>
      <asp:Btuuon ID="btnSav" runat="server" Text="保存"
        Onclick="btnSave_Click"/>
    </td>
  </tr>
</table>
</div>
</form>
</body>
</html>
```

页面效果如图上机 6-1 所示。

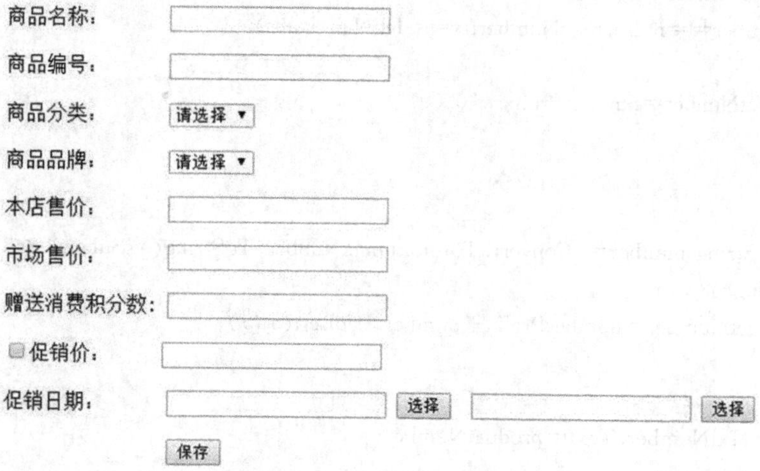

商品名称：

商品编号：

商品分类：　请选择 ▾

商品品牌：　请选择 ▾

本店售价：

市场售价：

赠送消费积分数：

促销价：

促销日期：　选择　选择

保存

**图上机 6-1　新增商品页面效果**

(2)页面加载时，需要加载商品分类和商品品牌信息，以及自动生成商品编号，代码如下所示：

```
String connectionString=ConfigurationManager
   .ConnectionString["b2cConnetion"].ConnectionString;
//页面加载事件
```

```
protected void Page_Load(object sender, EvnetArgs e)
{
    if(!isPostBack)
    {
        //初始化下拉列表数据
    initDropdownList();

        //自动生成商品编号
        GenerateProductNumber();

    chkPromote_CheckedChanged(null, null);
    }
}
//生成商品编号,格式:4位年份+2位月份+5位流水号
private string GenereateProdutNumber()
{
  //去数据库查询是否存在今天录入的商品编号
String productNumber=string.Empty;
String numberPrefix=string.Format("ZX{0}", DateTime.Today.ToString("yyyyMM"));
String sql="select max(productnumber) from product where productnumber like'"+numberPrefix
+"%'";
Object maxNumber=SqlHelper.ExecuteScalar(connectionString, CommandType.Text, sql);
if(maxNumber==null||maxNumberfix==DBNull.value)
    {
    productNunber=numberPrefix+"00001";
        }
else
        {
            String number=(Convert.ToInt32(maxNubber.ToString().Substring(8).TrimStart('0
'))+1).ToString();
        productNumber=numberPrefix+number.PadLeft(5,'0');

        }
        this.txtNumber.Text=productNumber;
return productNumber;
}
//初始化下拉列表:分类和品牌
private void InitDropdownList()
{
  String sql="select * from category;select * from brand;";
  DataSet ds=SqlHelper.ExecuteDataset(connectionString, Commandtype.Text, sql);
  //此时 ds 里面存在两张数据表
```

```
    this.ddlCategory.DataSource=ds.Tables[0].DefaultView;
    this.ddlBrand.DataSource=ds.Tables[1].DefultView;
    this.ddlCategory.DataBind();
    this.ddlBrand.DataBind();
    this.ddlBrand.DataBind();
    this.ddlCategory.Items.Insert(0,new Listem(){Text="请选择",Value="-1"});
    this.ddlCategory.Items.Insert(0,new Listem(){Text="请选择",Value="-1"});
}
Protected void btnSave_Click(object sneder,EventArgs e)
{
//是否通过验证
if(IsValid)
  {
    //保存操作
    String sql=@"insert into product(productname, productnumber, shopprice, markerprice, score,
promoteprice, promotestartdate, promoteenddate, brandid, category) values (@productname, @product-
number, @shopprice, @marketprice, @score, @promoteprice, @promotestartdate, @promoteenddate, @
brandid, @categoryid)";
      SqlParmeter[] productparms=new SqlParmter[]
      {
  new SqlParameter("@productname",SqlDbType.NVarChar){
        Value=this.txtName.Text.Trim()},
  new SqlParameter("@productname",SqlDbType.NVarChar){
        Value=this.txtName.Text.Trim()},
  new SqlParameter("@shopprice",SqlDbType.Money){
        Value=this.txtshopprice.Text.Trim()},
  new SqlParameter("@marketprice",SqlDbType.Money){
        Value=this.txtMarketPrice.Text.Trim()},
  new SqlParameter("@score",SqlDbType.Int){
        Value=this.txtNScore.Text.Trim()},
  new SqlParameter("@promoteprice",SqlDbType.Money){
        Value=this.txtPromotePrice.Text.Trim()},
  new SqlParameter("@promotestartdate",SqlDbType.DateTime){
        Value=this.txtDate.Text.Trim()},
  new SqlParameter("@brandid",SqlDbType.Int){
        Value=this.txtBrand.SelectedValue},
   new SqlParameter("@categoryid",SqlDbType.Int){
        Value=this.ddlCategory.selectedValue}
      };
  //因为有些字段用户不一定会输入,所以我们额外对那些运行为空的字段进行特殊的判断
  if(string.IsNullOrEmpty(this.txtNumber.Text.Trim()))
      {
```

```
            producytParms[1].Value=GenereateProducNumber();
        }
    if(string.IsNullOrEmpty(this.txtMarketPrice.Text.Trim()))
        {
        productParms[3].Value=DBNull.value;
        }
    if(this.chkPromote.Checked)
        {

    if(string.IsNullOrEmpty(this.txtPromotePrice.Text.Trim()))
        {
         productParams[5].Value=DBNull.value;
        }
      if(string.IsNullOrEmpty(this.txtStarDate.Text.Trim()))
        {
         productParams[6].Value=DBNull.value;
        }
    if(string.IsNullOrEmpty(this.txtEndDate.Text.Trim()))
        {
         productParams[7].Value=DBNull.value;
        }
       }
    if(this.ddlBrand.SelectedValue.Equal("-1"))
        {
         productParams[8].value=DBNull.Value;
        }
    if(string.IsNullOrEmpty(this.txtSocre.Text.Trim()))
        {
        productParams[4].Value=-1;
        }
    int count = SqlHelper.ExecuteNonQuery(connectionString, CommandType.Text, sql, product-
Params);
    if(count>0)
        {
        Page.ClinetScript.RegisterClinetScriptBlock(typeof(HoemWork1),"saveproductmsg","alert('成
功');",true);
        }
    else
        {
        Page.ClineScript.RegisterClienScriptBlock(typeof(HomeWork1),"saveproductmsg","alert('失
败');",true);
        }
```

```
    }
  }
}
```

# 第2阶段 练习

## 练习 完成商品品牌新增的验证功能

### 问题

在进销存或电子商务系统，都包含了品牌管理模块。该模块需要管理品牌的名称、网址、logo图片、描述等信息。其中，名称、网址、logo不能为空；网址格式需要格式验证；图片只能是GIF、JPG、BMP格式的图片。请利用所学知识完成新增品牌功能，包含数据验证。

# 上机 7　数据绑定控件

**上机任务**

- 任务 1　使用 GridView 显示商品列表(含分页功能)
- 任务 2　使用 Repeater 以平铺方式显示商品列表
- 任务 3　使用 GridView 扩展商品的修改和删除

## 第 1 阶段　指导

### 指导 1　使用 GridView 显示商品列表(含分页功能)

完成本任务所用到的主要知识点:

- GridView 控件的使用。
- ASP.NET 数据绑定技术。

**问题**

使用 GridView 完成图上机 7-1 所示的数据表格。本店价格:中文货币且两位小数,右对齐;是否上架:复选框显示,居中对齐;商品图片:居中对齐,以图片方式呈现,未提供商品图片的用默认图片代替;查看详情:超链接,点击后跳转至详细页面,并传递商品 ID;修改:用指定的图片显示,点击能跳转至修改页面,并传递商品 ID。

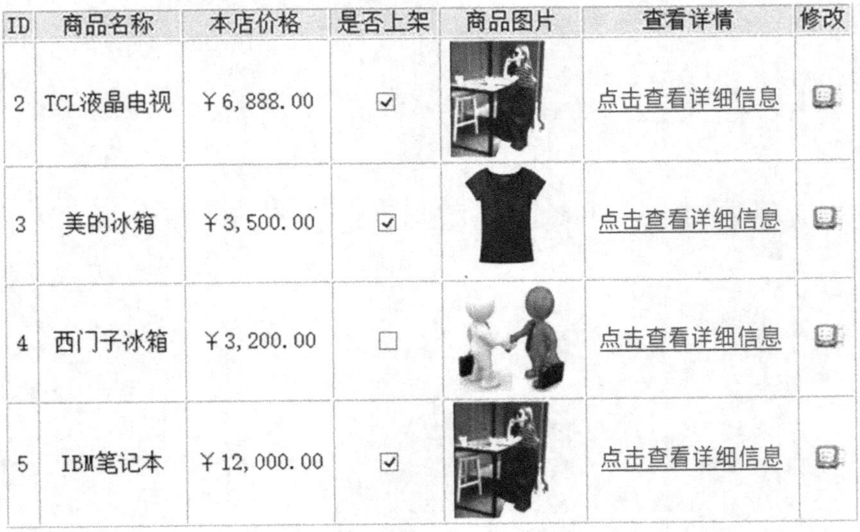

| ID | 商品名称 | 本店价格 | 是否上架 | 商品图片 | 查看详情 | 修改 |
|---|---|---|---|---|---|---|
| 2 | TCL液晶电视 | ￥6,888.00 | ☑ | | 点击查看详细信息 | |
| 3 | 美的冰箱 | ￥3,500.00 | ☑ | | 点击查看详细信息 | |
| 4 | 西门子冰箱 | ￥3,200.00 | ☐ | | 点击查看详细信息 | |
| 5 | IBM笔记本 | ￥12,000.00 | ☑ | | 点击查看详细信息 | |

图上机 7-1　使用 GridView 显示数据

**分析**

GridView 提供了几种列：绑定列（BoundField）、复选框（CheckBoxField）、图片列（ImageField）、超链接列（HyperLinkField）、按钮列（ButtonField），见表上机 7.1。利用这些可以解决本题要求。至于分页，可以使用其自带的分页功能，或使用 AspNetPager 控件。

**表上机 7.1　GridView 数据列类型**

| 数据列 | 列类型 |
| --- | --- |
| 本店价格 | <asp:BoundField DataField="ShopPrice" HeaderText="本店价格" DataFormatString="{0:C}"><br><ItemStyle HorizontalAlign="Right"/><br></asp:BoundField> |
| 是否上架 | <asp:CheckBoxField DataField="IsOnSale" HeaderText="是否上架"><br><ItemStyle HorizontalAlign="Center"><br></asp:CheckBoxField> |
| 商品图片 | <asp:ImageField　AlternateText="暂无图片描述"<br>DataAlternateTextField="ProductImageDes"<br>DataImageUrlField="ProductImageUrl" HeaderText="商品图片"<br>NullDisplayText="暂无图片"<br>NullImageUrl="~/Field/nophoto.jpg"><br><ControlStyle Height="80px" Width="80px"/><br></asp:ImageField> |
| 查看详情 | <asp:HyperLinkField DataNavigateUrlFields="ID"<br>DataNavigateUrlFormatString="~ProductDetail.aspx? id={0}"<br>HeaderText="查看详情" NavigateUrl="~/ProductDetail.aspx"<br>Text="点击查看详细信息"> |
| 修改 | <asp:ButtonField ButtonType="Image" CommandName="Update"<br>HeaderText="修改" ImageUrl="~/Image/icon_edit.gif"<br>Text="按钮"><br><ItemStyle HorizontalAlign="Center"><br></asp:ButtonField> |

**解决方案**

(1)分析 GridView，代码如下所示：

```
<asp:GridView CssClass="customeGridView" ID="GridView2" runat="server"
AutoGenerateColumns="False">
  <Columns>
    <asp:BoundField DataField="ID" HeaderText="ID"/>
    <asp:BoundField DataField="ProductName" HeaderText="商品名称"/>
    <asp:BoundField DataField="ShopPrice" HeaderText="本店价格"
    DataFormatString="{0:C}">
```

```
<ItemStyle HorizontalAlign="Right"/>
</asp:BoundFeild>
<asp:CheckBoxField DataField="IsOnSale" HeaderText="是否上架">
<ItemStyle HorizontalAlign="Center"/>
</asp:CheckBoxField>
<asp:ImageField AlternateText="暂无图片描述"
DataAlternateTextField="ProductImageDes"
DataImageUrlField="ProductImageUrl" HeaderText="商品图片"
NullDisplayText="暂无图片"
NullImageUrl="~/Files/nophoto.jpg">
<ControlStyle Height="80px" Width="80px"/>
</asp:ImageField>
<asp:HyperLinkField DataNavigateUrlFields="ID"
DataNavigateUrlFormatString="~/ProductDetail.aspx?id={0}"
HeaderText="查看详情"
NavigateUrl="~/ProductDetail.aspx" Text="点击查看详细信息"/>
<asp:ButtonField ButtonType="Image" CommandName="Update"
HeaderText="修改"
ImageUrl="~/Image/icon_edit.gif" Text="按钮">
<ItemStyle HorizontalAlign="Center"/>
</asp:ButtonField>
</Columns>
</asp:GridView>
```

(2)GridView 所使用的 CSS 代码如下：

```
.customeGridView{padding:0;margin:0;}
.customeGridView caption{padding:00 5px 0;width: 700px;font:italic 11px "Trebuchet MS", Verdana, Arial, Helvetica, sans-serif;
text-align:center;}
.customeGridView th{font:bold 11px
"Trebuchet MS", Verdana, Arial, Helvetica, sans-serif; color: #4f6b72; border-right: 1pxsolid #C1DAD7;border-bottom: 1px solid #C1DAD7; border-top: 1px solid #C1DAD7; letter-spacing: 2px; text-transform: uppercace; text-align: center; padding: 6px 6px 6px 6px; background : #CAE8EA no-repeat;}
.customeGridView th.nobg{border-top:0 border-left:0; border-right: 1px solid #C1DAD7; background:none;}
.customeGridView td{border-right:1px solid#C1DAD7;border-bottom:1px solid #C1DAD7; background: #fff; font-size:11px; padding:6px 6px 6px 12px; color: #4f6b72;}
.customeGridView td.alt{background: #F5FAFA; color: #797268;}
Th.spec{border-left:1px solid#C1DAD7;border-top:0;background: #fff no-repeat;font:bold
10px "Trebuchet MS", Verdana, Arial, Helvetica, sans-serif;}
```

## 指导 2　使用 Repeater 以平铺方式显示商品列表

完成本任务所用到的主要知识点：
- Repeater 的使用。
- 对 CSS 样式的使用。
- ADO.NET 数据库操作。

**问题**

请使用 Repeater 控件显示商品列表，并且以平铺的分式呈现。页面效果如图上机 7-2 所示。

图上机 7-2　Repeater 显示数据列表

**解决方案**

(1)对于 Repeater 控件而言，只提供了几种模板，除此之外它不会向客户端输出任何多余的标记(GridView 默认会在客户端输出 table 标记)，所以要达到平铺的效果需要我们自己定义 HTML 主结构和 CSS。首先，我们先要制作一个 HTML 静态页面，用来实现示例的演示效果：

```
<style type="text/css">
    .rightbox{width:800px;margin:10px 0;_padding:2px 0 0 2px;}
    .rightbox .title{background:url(Image/products_bg.jpg)left center  No-repeat;width:788px;
height:26px;line-height:26px;margin-bottom:10px;clear:both;}
  .rightbox h2{float:left;color:#555555;width:70px;text-align:center;
  Font-size:14px;font-weight:bold;}
  .rightbox span{float:right; background:url(Images/more.gif)0 center
  No-repeat;padding:0 10px;color:#74a146;}
  .rightbox span a{color:#74a146;}
  .rightbox .picbanner{margin-bottom:10px;clear:both;height:234px;
```

```
width:788px;}
.rightbox .pricbanner a img{height:234px;width:788px}
.rightbox .rinbox{width:184px;height:240px;border:solid 1px #d1d1d1;
float:left;margin:-1px 0 0 -1px;text-align:center;color:#404040;
  padding:6px; font-family:Verdana;overflow:hidden;}
.rightbox .goodsrinbox{height:260px!important;}
.rightbox .rinbox .picbox{width:180px;height:180px text-algin:center;
background:#ffffff;padding:3px;margin:0 auto 10px auto;}
  .rightbox .rinbox .picbox img{width:180px;height:180px;
overflow:hidder;}
.rightbox .rinbox p{width:180px;text-align:center;white-span:nowrap;
overflow:hidden;text-overflow:ellipsis}
.rightbox .rinbox p a:{color:#404040;}
.rightbox .rinbox p a:hover{color:#74a146;}
.rightbox .rinbox b{font-weight:normal;text-decoration:line-through;
margin-right:20px;color:#404040;font-family:"黑体",font-size:13px;}
</style>
  <div class="rightbox">
   <div class="picbox">
<a href="#">
   <img src='Images/22.jpg' alt=" width="170" height="170"/>
</a>
</div>
<p>
  <a href=" title=">
    碎点花裙
</a>
</p>
<p class="green">
  <b>
    56¥</b>68¥</p>
<p class="compare">
   <a href=">收藏</a>|<a href=" id="compareLink">比较</a>
</p>
</div>
<div class="rinbox goodsecinbox">
  <div class="picbox">
    <a href="#">
     <img src='Image/33.jpg' alt=" width="170" height="170"/>
  </a>
</div>
<p>
```

```
<a href=" title=">
精品休闲西裤
</a>
<p class="green">
<b>
89￥</b>120￥</p>
<p class="compare">
<a href=">收藏</a>|<a href=" id="AI">比较</a>
</p>
</div>
</div>
```

(2)通过观察，我们发现，每个要显示的商品，都包裹在一个 class＝rinboxgoodsrcinbox 的 div 里面，而这些 div 外面有一个 class＝rightbox 的 div 容器。所以综合 Repeater 提供的几种模板得知：最外面的容器 div 开始标记放置到 HeaderTemplate 模板内，内容模板 ItemTemplate 中用来放 class＝rinboxgoodsrinbox；最后在 FooterTemplate 模板中放容器 div 的结束标记。Repeater 相关代码如下所示：

```
<asp:Repeater ID="Repeater1" runat="server">
  <HeaderTemplate>
   <div class="rightbox">
  </HeaderTemplate>
   <ItemTemplate>
<div class="rinboxgoodsrinbox">
  <div class="picbox">
  <a href="#">
    <img src='<%# Eval(ImageUrl)%>' alt=" width="170" height="170"/>
  </a>
</div>
<p>
  <a href=" title=">
  <%# Eval("name")%>
</a>
  </p>
  <p class="green"><b><%# Eval("Price")%></b>
    <%# Eval("MarketPrice")%>￥</p>
<p class="compare">
  < a href=">收藏</a>|
  <a href=" id="compareLink">比较</a>
  </p>
</div>
</ItemTemplate>
<FooterTemplate>
```

```
</div>
</FooterTemplate>
</asp:Repeater>
```

(3)进入后台,编写服务器后台逻辑代码,这里相对比较简单,主要是从数据库中检索出数据后到 Repeater 控件即可。

```
protected void Page_Load(object sender, EvnetArgs e)
{
    if(!this.IsPostBack)
    {
        this.Repeater1.DataSource=GetProducLink();
        this.Repeater1.DataBind();
    }
}
```

# 第 2 阶段　练习

## 练习　使用 GridView 扩展商品的修改和删除

**问题**

修改并扩展指导 1 中的 GridView 功能,完成在线编辑和删除功能。删除之前弹出"确认"对话框;编辑项包括:商品名称、本店价格、是否上架。

# 上机 8 HttpModule 与 HttpHandler

**上机任务**

- 任务 1 使用 HttpHandler 实现图片水印
- 任务 2 为登录功能添加验证码

## 第 1 阶段 指导

### 指导 使用 HttpHandler 实现图片水印

完成本任务所用到的主要知识点：

- HttpHandler 处理程序。
- C#图片处理技术。
- Response 对象的应用。
- 在 Web.config 中配置 Handler 节点。

**问题**

有时候为了声明网站图片的版权，需要在网站显示的图片中添加水印。利用 HttpHandler 技术为网站中的图片添加水印，添加水印的内容为“独家制作”。

**分析**

要实现水印，我们应该在 HttpHandler 中得到用户请求的图片，然后通过画图技术，在图片上画上水印，并将有水印的图片返回给用户。

**解决方案**

(1)新建一个站点 watermark，在站点下新建一个 img 文件夹，放入图片，并在默认页中显示图片，如图上机 8-1 所示。

图上机 8-1 添加水印之前

(2)在站点中新建一个 HttpHandler 处理类，用于为图片添加水印。该类代码如下所示：

```
///<summry>
///HttpHandler处理程序，用于为图片添加水印
///</summary>
public class jpgHandler:IHttpHandler
{
  public JpgHandler()
  {

  }
  #region IHttpHandler Members
  public bool IsReusable
  {
    Get{return flase;}
  }
///<summary>
///为图片添加水印
///</summmary>
public void ProcessRequest(HttpContext context)
{
    //得到请求图片的物理路径
    String imgFilePath=context.Server.MapPath(context.Requst.FilePath);
    //判断文件是否存在
    if(File.Exists(imgFilePath))
    {
    //根据图片路径实例化图片对象
    Image img=Image.FromFile(imgFilePath);
    //实例化画布
    Graphics g=Graphics.FromImage(img);
    //实例化一个字体对象(字体:华文行楷,字号:12号)
    Font font=new Font("华文行楷",12);
    //得到画刷对象,颜色为红色
    Brush brush=Brushes.Red;
    //得到一个点对象,表示画水印的位置
    Point point=new Point(0,0);
    //画图
    g.DrawString('独家制作',font,brush,point);
    //设置响应类型
    Context.Response.ContentType="image/jpg";
    //将画好的图片,输入到响应流
```

```
img.Save(context.Response.OutputStrem,System,Drawing.Imaging.
ImageFoemat.Jpeg);
//释放资源
Img.Dispose();
g.Dispose();
//结束响应
Context.Response.End();
    }
}
    #endregion
}
```

(3)在 Web.config 中配置 HttpHandler 节点,具体配置如下:

```
<add path="*.jpg" verb="*" type="JpgHandler"/>
```

(4)浏览页面,发现图片上已经用了用于版权申明的水印,如图上机 8-2 所示。

图上机 8-2　添加水印之后

## 第 2 阶段　练习

### 练习　为登录功能添加验证码

**问题**

在登录页面添加验证码功能,使得在提交前能够进行验证。

# 附录　UEditor 富文本编辑器

## 1.富文本编辑器概述

(1)富文本编辑器介绍

富文本编辑器(rich text editor,RTE),是一种可内嵌于浏览器、所见即所得的文本编辑器(图附录 1-1)。它提供了类似于 Microsoft Word 的编辑功能,可以设置各种文本格式、列表、插入图片、超链接、多媒体等。即使用户不懂 HTML,通过富文本编辑器也能构建出一个图文并茂的精美页面。因此在一些文章发布系统中,富文本编辑器极为常见。

现在市面上的富文本编辑器可谓是数不胜数,比如:UEdtor,fckeditor,Yahoo YUI Rich Text Editor,FreeTextBox,NicEdit,WYMeditor,WYSIWYG。也有开源的。建议大家在功能满足的前提下选择那些免费开源的编辑器。

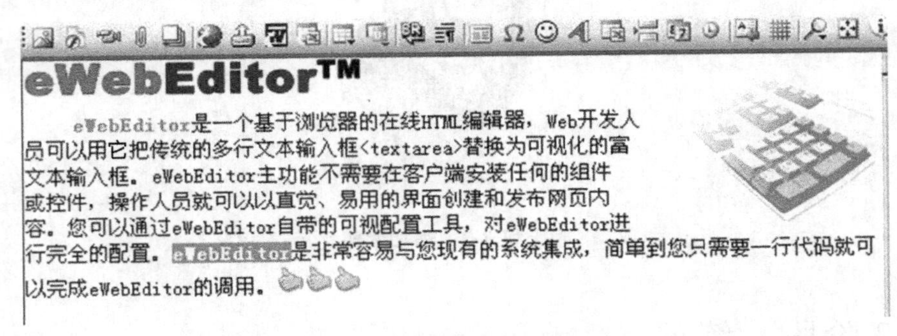


图附录 1-1　富文本编辑器示例

(2)富文本编辑器的原理

对于支持富文本编辑的浏览器来说,其实就是设置 document 的 designMode 属性为 on 后,再通过执行 document.execCommand('commandName'[,UIFlag[,vlaue]])即可。commandName 和 value 可以在 MSDM 上和 MDC 上找到,它们可以帮助我们创建各种格式的命令。比方说,我们要加粗字体,执行 document.execCommand('bold',false)即可。值得注意的是,通过选中了文本后才执行命令,被选中的文本才被格式化。对于未选中的文本进行这个命令,各浏览器有不同的处理方式。比如 IE 可能是对位于光标的标签内容进行格式化,而其他浏览器不做任何处理。这不是本文介绍的重点,因此不再描述。

(3)UEditor 简介

UEditor 是百度 Web 前端研发部开发所见即所得富文本 Web 编辑器,具有轻量、可定制、注重用户体验等特点,开源基于 BSD 协议,允许自由使用和修改代码。UEditor 具有以下特点:

- 功能全面，涵盖流行富文本编辑器特色功能，独创多种全新编辑操作模式。
- 用户体验，屏蔽各种浏览器之间的差异，提供良好的富文本编辑体验。
- 开源免费，开源基于 BSD 协议，支持商业和非商业用户的免费使用和任意修改。
- 定制下载，细粒度的核心代码，提供可视功能选择和自定义下载。
- 专业稳定，百度专业 QA 团队持续跟进，上千自动化测试用例支持。

UEditor 界面效果如图附录 1-2 所示。

**图附录 1-2　UEditor 效果图**

通过 UEditor，你可以在编辑器中轻松实现如下特色功能：

- 可插入远程或本地上传的图片。
- 可插入 C＃、Java、HTML、CSS、JavaScript、PHP、C/C＋＋等程序代码。
- 可插入附件、音乐、影片、百度地图。
- 可插入桌面截图。
- 可插入各种模板（简历模板、图文模板等）。

**2.UEditor 入门**

（1）ASP.NET 中集成 UEditor。

现在我们来看如何在 ASP.NET 中集成 UEditor。步骤如下：

①到官网下载最新的 UEditor 版本。注意：官网提供了 PHP、JSP、.NET 三个语言版本，下载.NET 版本。

②将下载的压缩包解压并更名为 UEditor，并将该目录添加到项目的根路径下，在目录页面中导入两个.js 文件：

```
<script src="ueditor/ueditor.all.js" type="text/javasrcipt"> </script>
<script src="ueditor/ueditor.config.js" type="text/javasrcipt"></script>
```

③为了在页面中渲染出 UEditor，可以通过在页面中写入下面的代码实现，代码中包含了两个 script 标记，第一个用来渲染 UEditor，第二个是 JavaScript 代码段。在 JavaScript 中通过"new UE.ui.Editor()"构造一个编辑器对象，通过调用编辑器的 render 方法将编辑器渲染到指定的 script 标记处。

```
<div>
  <script type="text/plain" id="myEditor"></script>
<script type="text/javascript">
  Var editor=new UE.ui.Editor();
  Editor.render("myEditor");
Editor.ready(function (){
  editor.setContent("欢迎使用 UEditor!");
})
</script>
</div>
```

在浏览器中运行该页面，发现 UEditor 已经渲染到了页面中。效果如图附录 1-3 所示。

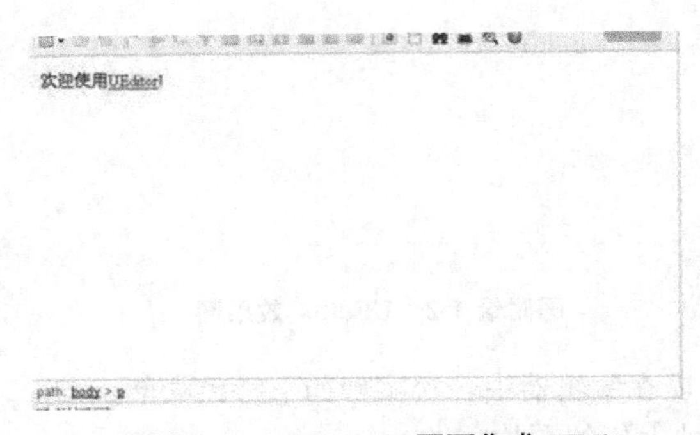


**图附录 1-3　ASP.NET 页面集成 UEditor**

(2)在后台获取编辑器中的 HTML 代码。

虽然我们现在完成了集成功能，但在编辑器中输入文字后，如何在后台获取这些 HTML 代码呢？

修改页面的第一段 script 标记，为其添加 name 属性。

```
<script type=
"text/plain" id="myEditor"name="textRichEditor"></script>
```

在后台通过 Request.Form["textRichEditor"]就可以获取到界面中用户输入端的 HTML：

```
String htmlContent=Request.Form["textRichEditor"];
Response.Write(htmlContent);
Response.End();
```

(3)UEditor 常用功能与函数介绍。

UEditor 提供了众多 JavaScript 函数供用户调用，在此我们介绍常用的一些 JavaScript 函数，见表附录 1.1。

**表附录 1.1　UEditor 提供的常用的 JavaScript 函数**

| 系统对象 | 说　明 |
| --- | --- |
| getContent | 获取编辑器内纯文本内容 |
| getAllHtml | 取得完整的 HTML 代码，可以直接显示完整的 HTML |
| getPlainTxt | 得到编辑器的纯文本内容，但会保留段落格式 |
| getContentTxt | 获取编辑器中的纯文本内容，没有段落格式 |
| setContent | 将 HTML 设置到编辑器中 |
| enable、disable | 设置当前编辑区域可以（不可以）编辑 |
| show、hide | 显示（隐藏）编辑器 |
| hasContents | 检查编辑区域中是否有内容，若包含 tags 中节点类型，直接返回 true |

• setContent 函数调用示例：

```
UE.getEditor('editor').setContent("<p><h1>文章标题</h1><div>内容文本信息</div>
</p>");
```

• 使编辑器可用与不可用：

```
UE.getEditor('editor').disable();//可用调用 enable()
```

• hasContents 函数在判断是否包含内容时，如果编辑器中含有默认文本内容，或者有以下节点都不认为是空：

```
{table:1, ul:1, ol:1, dl:1, iframe:1, area:1, base:1, col:1, hr:1, img:1, embed:1, input:1, link:1,
meta:1, param:1}

Var result=UE.getEditor('editor').hasContents(['span']);
result=UE.getEditor('editor').hasContent();
```

**3.UEditor 高级主题**

(1)UEditor 上传图片功能。

UEditor 提供的图片上传功能包括四大功能项：远程图片、本地图片、在线管理、图片搜索（从百度搜索引擎获取图片）。

打开 UEditor 的目录“ueditor--net--imageUp.aspx”。其中 imageup.aspx 就是文件上传的服务端处理文件。可以发现该文件的本质是一个 IHttpHandler。在该文件内可以配置上传文件的大小限制（size），文件运行的格式（filetype），文件保存的路径（pathbase）。UEditor 基本已经将所有的配置和代码写好了，并不需要我们更改任何地方就可以直接使用。Imageup.aspx 关键代码如下所示：

```
public class imageUp:IHttpHandler
{
  public void ProcessRequest(HttpContent Context)
  {
```

```
    context.Response.ContentType="text/plain";
    //上传配置
    //文件大小限制,单位 MB
    int size=2;
    //文件运行格式
    String[] filetype={".gif",".png",".jpg",".jepg",".bmp"};
    //上传图片
    Hashtable info=new Hashtable();
    Uploader up=new Uploader();
    //文件保存的路径
    String pathbase=null;
    int path=Convert.ToInt32(up.getOtherInfo(context,"dir"));
    if(path==1)
    {
      Pathbase="upload/";
    }else{
      Pathbase="upload1/";
    }
    //获取上传状态
    info=up.upFile(context,pathbase,filetype,size);
    //获取图片描述
    String title=up.getOtherInfo(context,"pictitle");
    //获取原始文件名
    String oriName=up.getOtherInfo(context,"fileName");
    HttpContext.Current.Response.Write("{'url':'"+info["url"]+"','title':'"+title+"','original':
'"+oriName+"','state':'"+info["state"]+"'}");//向浏览器返回 JSON 数据
    }
    public bool IsReusable
    {
      get
      {
        return false;
      }
    }
}
```

除了服务端文件外,在客户端还有相应的配置。打开"ueditor-ueditor.config.js"文件,找到如下配置代码(这里指定了服务器端的处理文件和路径):

```
//图片上传配置区
imageUrl:URL+"net/imageUp.ashx"//图片上传提交地址
imagePath:URL+"net/"//图片修正地址,引用了 fixedImagePath,如有特殊需求,可自行配置
```

配置完成后,在页面中浏览 UEditor 的效果,其图片对话框如图附录 1-4 所示。

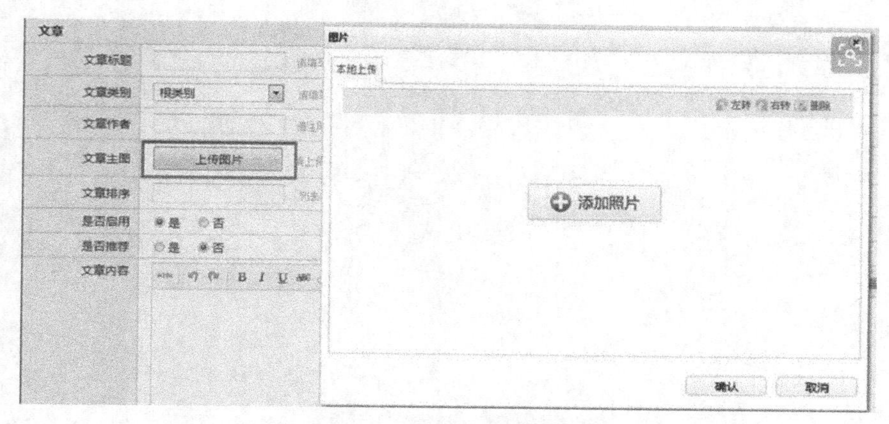


**图附录 1-4 UEditor 上传图片对话框**

(2)UEditor 上传附件功能。

UEditor 还提供了上传附件功能,该功能的配置和上传图片类似,在此不再讲述,与该功能对应的服务器端文件是"ueditor--net---fileUp.ashx"。默认情况下,可以上传的附件类型包括:".rar"".doc"".docx"".zip"".pdf"".txt"".swf"".wmv"。客户端配置如下所示:

```
//附件上传配置区
fileUrl:URL+"net/fileUp.ashx"//附件上传提交地址
filePath:URL+"net/"//附件修正地址,同 imagePath
```

运行结果如图附录 1-5 所示。

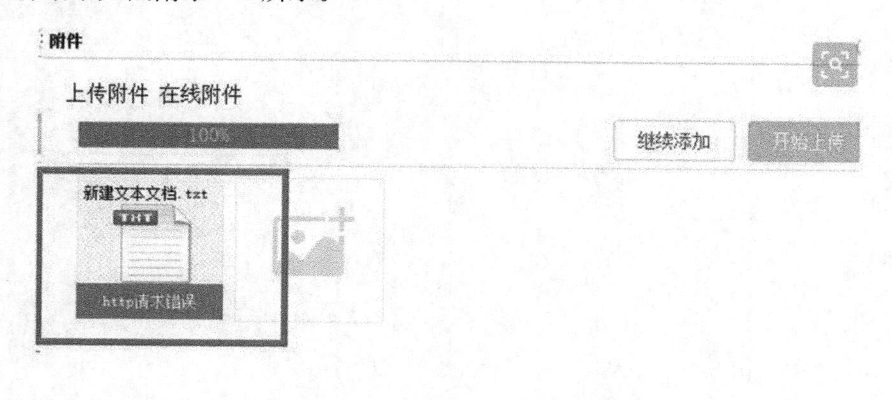


**图附录 1-5 UEditor 上传附件对话框**